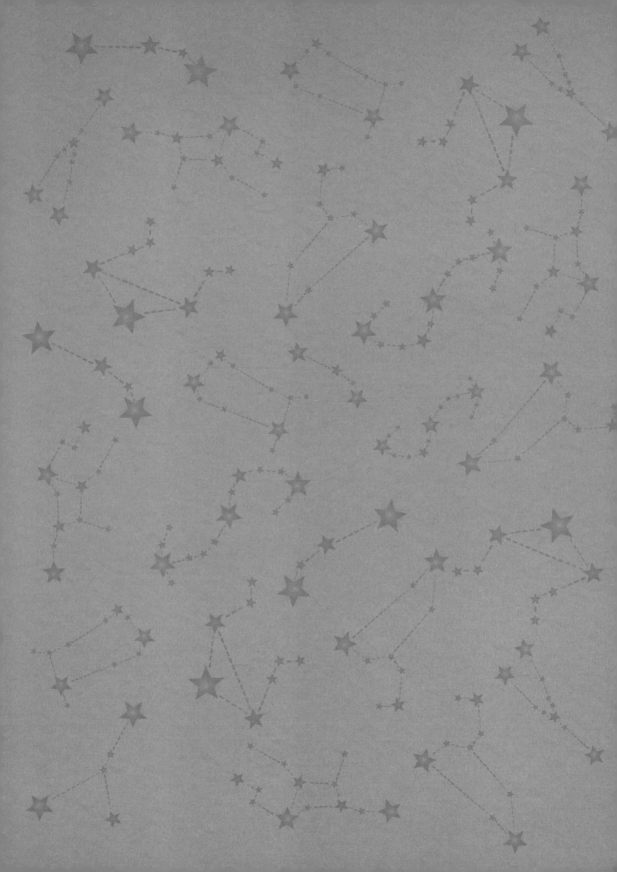

# 如詩般的
# 天文與地理課

## GEOLOGY AND ASTRONOMY

### 從呼吸規律與血液循環，
### 看見大地的變動與星空的運行

華德福
教學引導
4

查爾斯·科瓦奇———著　王乃立———譯
Charles Kovacs

小樹文化
Little Trees

# 如詩般的
# 天文與地理課

## GEOLOGY AND
## ASTRONOMY

從呼吸規律與血液循環，
看見大地的變動與星空的運行

（初版書名為《天文與地理》）

作者：查爾斯·科瓦奇（Charles Kovacs）｜譯者：王乃立

**小樹文化股份有限公司**
總編輯：蔡麗真｜副總編輯：謝怡文｜責任編輯：謝怡文｜校對：林昌榮
封面設計：倪旻鋒｜內文排版：洪素貞
行銷企劃經理：林麗紅｜行銷企劃：蔡逸萱、李映柔

**讀書共和國出版集團**
社長：郭重興｜發行人兼出版總監：曾大福
業務平臺總經理：李雪麗｜業務平臺副總經理：李復民
實體通路組：林詩富、陳志峰、郭文弘、賴佩瑜
網路暨海外通路組：張鑫峰、林裴瑤、王文賓、范光杰
特販通路組：陳綺瑩、郭文龍｜電子商務組：黃詩芸、李冠穎、林雅卿、高崇哲
專案企劃組：蔡孟庭、盤惟心｜閱讀社群組：黃志堅、羅文浩、盧煒婷
版權部：黃知涵｜印務部：江域平、黃禮賢、林文義、李孟儒
發　　行：遠足文化事業股份有限公司
　　　　　地址：231新北市新店區民權路108-2號9樓
　　　　　電話：（02）2218-1417｜傳真：（02）8667-1065
　　　　　客服專線：0800-221029
　　　　　電子信箱：service@bookrep.com.tw
　　　　　郵撥帳號：19504465遠足文化事業股份有限公司
　　　　　團體訂購另有優惠，請洽業務部：（02）2218-1417分機1124、1135

法律顧問：華洋法律事務所 蘇文生律師
出版日期：2012年11月初版首刷
　　　　　2013年7月二版首刷
　　　　　2022年6月1日三版首刷

ISBN 978-957-0487-93-0（平裝）
ISBN 978-957-0487-95-4（EPUB）
ISBN 978-957-0487-94-7（PDF）

國家圖書館出版品預行編目資料

如詩般的天文與地理課：從呼吸規律與血液循環，看
見大地的變動與星空的運行／查爾斯·科瓦奇(Charles
Kovacs) 著；王乃立 譯. -- 三版 -- 新北市：小樹文化股
份有限公司 出版；遠足文化事業股份有限公司 發行，
2022.06
面；　　公分 -- (華德福教學引導；4)
譯自：Geology and astronomy.
ISBN 978-957-0487-93-0(平裝)

1. 地球科學 2. 天文學 3. 通俗作品

350　　　　　　　　　　　　　　　　　111006619

線上讀者回函專用 **QR CODE**
您的寶貴意見，將是我們進步的最大動力。

立即關注小樹文化官網
好書訊息不漏接。

# 目 錄

## 地理與地質
### GEOLOGY

每一粒沙、每一顆石頭都有著大地的故事，它們告訴我們大地的經歷、告訴我們在人類出現以前，這片土地最初的樣子。讓我們一起探索這片土地，看見大地最美的生命力。

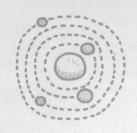

# 天文學
## ASTRONOMY

地球為什麼會繞著太陽轉？火星為什麼是紅色的？土星為什麼會有土星環？彗星與流星又為什麼會出現？讓我們一起，看見宇宙與地球的奧祕。

地球，從一顆石頭看起。

# 地理與地質

## GEOLOGY

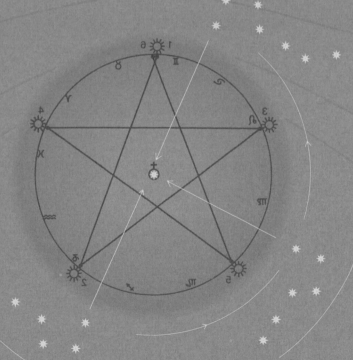

# 大地的孩子

## 從植物的分布，看見大地的全貌

冬天有時候會非常冷，但是不論我們所在的地方有多冷，世界上還有更冷的地方。而這麼冷的地方在哪裡呢？是太陽升起的東方嗎？還是正午太陽升到最高點的南方？是太陽落下的西方嗎？還是太陽從不曾經過的北方？想要找到更寒冷的地方，就要到北方去。

當我們向北旅行，就會到達比我們這裡還要冷的地方，愈是向北走，氣候就愈冷，最後會來到非常寒冷的地方──那邊的冰雪從不會完全融化，不論夏天或冬天，大地永遠凍結著。想像一下格陵蘭、加拿大北部、阿拉斯加與俄羅斯北部。這些環繞著北極圈的地方就是「極區」（polar region），這個區域的冰雪永遠不會融化。

在前往冰冷北方的路途上，我們會有其他的發現。我們將會注意到那裡的植物和平常見到的不同。在我們生活的地方有兩種樹木，一種是「闊葉樹」，冬季時樹葉會掉落而變得光禿禿的；另一種樹木的樹葉則是綠色的、像「針」一樣，在植物學裡，這種樹木被稱

▲闊葉樹有著寬大的葉子，需要陽光、無法忍受寒冷。

▲愈往北走，樹葉會愈來愈小，變成了針狀。

在往北的路上，樹葉愈來愈小，
可以想像是樹葉「縮小」，變成了針狀。

為「針葉樹」或「常綠樹」。我們生活的地方一共有這兩種樹木，但是愈往北走，闊樹葉的樹木就會愈來愈少。放眼望去，只能看到深綠色的松樹、樅樹與落葉松，這些都屬於針葉樹。

你可以猜一猜，為什麼愈往北走，闊葉樹就愈來愈少呢？因為樹葉寬大的樹木需要陽光、無法忍受寒冷。在陽光不強、氣候也不溫暖的地方，葉子細小的樹木更能夠存活。在往北的路上，樹葉愈來愈小，我們可以想像是樹葉「縮小」，變成了針狀。往北走不只樹葉會縮小，樹木也會變得更細小。生長在北方的松樹、樅樹與落葉松跟我們這裡的樹木比起來就好像侏儒，高度差不多只到你的肩膀。這些侏儒樹木生長的地區仍然有夏天，雪還會融化，植物與花朵也會開出美麗的花，但是這裡的植物都只有很小、很小的莖，比我們這裡的花莖要短上許多。如果再往北走，將會來到沒有植物生長的地方，連侏儒樹木或小花都沒有。這就是北極周遭的區域，這些區域的冰永遠不會融化。

但是假如我們不斷往南走，往正午太陽升到最高點的方向走呢？我們可以知道氣候會愈來愈溫暖，將會來到沒有冬天的地區。當往南走時，植物會有什麼變化呢？往南走的時候，長針葉的樹會變得愈來愈少，它們不喜歡過多的陽光，而長闊葉的樹木則會愈來愈多。我們可以看到有著大片樹葉的樹木，你可以想像一下棕櫚樹又大又寬又厚的樹葉。南邊的樹木也會變得更高大，像花朵等其他植物也都往上長高了。在炎熱的熱帶區域，這裡的植物有著較長的

莖、葉與較大的花朵。

現在，你已經了解大地南方與北方的差異：在南方、熱帶地區，氣候永遠是夏天，每天陽光普照且炎熱，我們會看到高大的樹木、長的莖、大片的葉子和大型花朵；愈往北走，樹木就變得愈小，樹葉會縮小，莖也會愈來愈短，最後到達永遠是冬天的地區，那裡隨時都充滿著冰雪。當然，假如一直往南走而越過了赤道，最後會來到南極，這裡也是個極度寒冷的地方。

我剛才所描述的是大地的全貌。大地隨著南北不同而有所變化，在赤道與極地間呈現不同風貌。現在，讓我們想像一座非常高大的山。就以世界上最高的喜馬拉雅山為例，在喜馬拉雅山的山腳下，氣候是炎熱的，你將會看到高大並有著寬闊葉子的花朵與樹木。當你往上爬，空氣會變得愈來愈冷，植物跟樹木也變小了。當你達到某個高度的時候，你會以為自己來到了蘇格蘭，你會看到松樹、落葉松，甚至是石楠花（heather），還有橡樹與山毛櫸。如果繼續往上走，沒多久就只剩下針葉樹，樹木又更小了。這裡可以看到山上才有的花草，像是短莖的龍膽草（gentian）。如果再往上走，又將看到永不融化的冰雪了。高山的山頂就像極區，沒有任何東西可以生存在被雪覆蓋的寒冷高處。

每一座高山就像是整塊大地的縮影，就如同小孩子會長得與爸媽很像，大地上的高山就是大地的孩子，高山與大地母親非常相似。

高山就像整塊大地的縮影，
如同孩子會與爸媽很像，大地上的高山就是大地的孩子。

▲短莖的龍膽草是山上才有的花草。

Chapter *2*

# 山的故事
## 活躍而充滿生命力的地球

蘇格蘭的山岳非常美麗。然而，當你站在世界真正高峰前面的時候，那種感受是完全不同的，就算是蘇格蘭最高大的凱恩戈姆山（Cairngorms）與本尼維斯山（Ben Nevis）也比不上。如果你從未看過阿爾卑斯山（Alps），又是第一次去瑞士，你可能會望著天空說：「這片雲的樣子好奇怪。」但是當你再次仔細一看，你會發現這不是一朵雲，而是與天同高的連綿雪白山峰。

這些巨大、雄壯又莊嚴的龐然大物，高聳直達雲端，讓人不禁起了敬畏之心。看著這些高聳的山峰，你也可以感受到這些龐然大物的年紀久遠到無法估計。這些山已經聳立了數百萬年，在未來的數百萬年依然會屹立不搖。如果這些偉大的山會說話，就能夠告訴我們這片大地的一生。我們走在地上、在地上建築房屋與城市，並且使用地上的石頭做為建築材料，有關這片大地的故事，我們又知道多少呢？這些古老又偉大的高山可以告訴我們大地的故事，讓我們

▲巨大、雄壯的高山組合成綿延的阿爾卑斯山脈。

來聽聽高山怎麼說。

第一個重點是：世上的高山並不會高傲的獨自聳立，高山通常會形成團體或是排成長排的列隊。這些由高山排成的列隊，會在地面上綿延數百英里，甚至是數千英里，這種列隊稱為「山脈」。阿爾卑斯山是山脈的一種，俄羅斯的烏拉山（Urals）也是，你可以在地圖上找到許多這樣的山脈。你會發現阿爾卑斯山其實是從東方綿延而來的一部分山脈。

第二點是：這些山都非常古老，古老得難以想像。這麼說可能有點奇怪，但是每座高山的年紀是不一樣的，有年輕的山與年長的山。阿爾卑斯山是年輕的山，而烏拉山則是年長的山。當然，就算是「年輕」的山，山的年紀依然比你可以想到的任何東西要大，只是與其他山相較之下較為年輕。

現在，我們來比較一下地球與月球的不同。月球是地球在宇宙中的同伴。太空人曾經登陸月球，讓科學家可以研究月球的岩石與山

▶月球表面是一片荒野，
死氣沉沉且恆久不變。

脈。月球上有許多高大的山，而這些山都非常古老，從數千萬年前誕生以來就不曾改變過，可以說月亮上的所有東西都非常古老。月亮很美，但是月球的表面卻是一片荒野，死氣沉沉並恆久不變。在地球上，最高大的山通常是那些年輕的山，崎嶇的雪白山峰聳入天際。年長的山就沒有這麼高大了，但是當這些山年輕的時候，它們也跟現在的阿爾卑斯山一樣高大。年長的山經歷了磨損與消耗，隨著歲月起了變化。

這些山讓我們知道，地球跟月球不一樣，不是一個死氣沉沉的地方，我們的大地是很活躍的——古老的山脈會垮下，新的山脈會誕生。無論何時，破壞與創造的行為都不斷在大地上的某處進行著。

「山脈」是高山排成的長長隊伍，
阿爾卑斯山便是從東方綿延而來的一部分山脈。

21

雖然岩石與山脈看起來沒有生命，但是我們的地球卻不是一塊大石頭而已，而是一個有生命力、會不斷改變的地方。

這堂課的第三個重點就是：年輕的山會誕生，古老的山會磨損，地球是永遠不斷變化的地方。從高山形成的山脈可以看出，這種變化不是偶然，而是有某種規律。

*Chapter* **3**

# 花崗岩
## 年輕與古老的岩石

山有年輕的山也有年長的山，岩石也有年輕與年長的分別，但是兩件事不能混為一談。你可能會想，年長的山是由年長的岩石構成，而年輕的山則是由年輕的岩石構成，然而這不是絕對的。大自然在創造新的高山時，使用的是當地的岩石，就像工人可以用舊的石頭來蓋新房子。在大自然中，重新回收利用是很普遍的事情，因此年輕的山可以是由各式各樣年紀的岩石所組成。我們現在知道有年輕的、有古老的、有各式各樣年紀的岩石。那麼，哪一種岩石的年紀最大呢？

要找到最年長的岩石，必須深入地下。最古老的岩石埋藏在每一座山、每一塊地的下方，在所有農田、湖泊、森林、道路與城市底下，這種岩石是一種淺色的岩石，叫做「花崗岩」。花崗岩深埋在每一塊大陸的深處。我們所行走的土地覆蓋著泥土，泥土之下有石灰石或砂岩，再往下還有各種岩石，如果不斷向下探索，最終總能

©Wikimedia Commons

▲花崗岩是從大地最初，就存在的岩石。

夠找到花崗岩（我們會在以後的課程繼續探索花崗岩底下的東西）。

然而，不是只有在地底深處才能找到花崗岩，有時候花崗岩也會出現在我們周遭，或是出現在高度很高的地方。阿爾卑斯山主要是由石灰石與其他岩石所組成，但是阿爾卑斯山的山峰卻是由花崗岩組成。蘇格蘭也有花崗岩，舉例來說，凱恩戈姆山就是花崗岩山。當你走在花崗岩上時，要記得這是一種非常古老的岩石，這種岩石深入大地之中，是從大地最初，就存在的岩石[1]。

花崗岩有一個美麗的傳說：

---

1　編注：在台灣，你可以在台灣東部、金門以及馬祖發現花崗岩。

神想要創造一種強壯又堅固的石頭，讓人們可以一輩子安穩的在上面行走。於是神找來了祂的僕從──聖靈與天使。神說：「帶上祢們的禮物，我要用這些禮物創造出第一顆岩石。」

神的身邊有三群天使。第一群是智慧天使，智慧天使的長老帶了一塊石頭上前並拿給天父。這塊石頭是透明的，清澈如水。這位天使說：「天父，祢將智慧之光賜給了我們。這塊石頭就像智慧之光，願人們的思緒如同這塊閃亮的水晶。」

第二群天使上前，這些天使是力量與能力的天使。天使的長老來到神的面前，祂的右手拿著一顆黑色石頭，左手則拿著白色石頭。這位天使說：「這兩顆黑白石頭是力量之石。這些石頭可以帶給人們精力與力氣，讓人們能夠將智慧化為行動。」

第三群天使是愛與溫暖的天使。天使的長老帶來了綠色與紅色石頭。祂說：「這些石頭蘊含著我們溫暖的心，可以變成許多型態，用許多種方式服務人們。」

於是神就利用這三種禮物創造出第一顆岩石，也就是用光、力量與溫暖造出了最古老的岩石──花崗岩[2]。

花崗岩有許多種類，但一定是由三樣東西所合成：清晰、透明的石英，黑色或白色的雲母（會在光線下閃閃發亮），還有粉色、白色或

---

2　出自1952年12月的《教育雜誌》（*Erziehungskunst*, December 1952）。

不是只有在地底深處才能找到花崗岩，
有時候花崗岩也會出現在我們周遭。

綠色的長石（花崗岩的顏色就是長石的顏色）。我們之後會學到，最適合用於種田的土就是來自於長石。我們所食用的麵包就是來自長石形成的大地。

偉大的花崗岩是最古老的岩石，共分為三個部分：石英（光的禮物）、雲母（力量的禮物），還有長石（溫暖的禮物）。

## Chapter 4

# 最早出現的岩石
## 地球的地基

建造房屋的時候，第一件事就是建立地基，而地基需要承受整間房子的重量。最古老的岩石是花崗岩，花崗岩就是大地的地基，是偉大的巨人，將所有石頭、大地、河川背在背上。但是世界上的海洋底部卻不太一樣，支撐著浩瀚海洋的是一種深色的岩石，叫做「玄武岩」。玄武岩是花崗岩的親戚，就好像是花崗岩的弟弟。玄武岩是深色的，而花崗岩則是淺色的，因為玄武岩含鐵的成分較高且石英含量比花崗岩少。海洋的岩床就是由含鐵的玄武岩所構成。總而言之，大陸是由淺色的花崗岩所支撐，而海洋則由深色的玄武岩支撐，這兩「兄弟」構成了地球的地基。

當你望向阿爾卑斯山或蘇格蘭高地這類的花崗岩山，甚至是一塊小花崗岩，你見到的是一種非常古老的東西，在很久以前就已經存在了，久遠到沒有人知道這些岩石是怎麼產生的。因此，關於花崗岩的形成有兩種解釋。

在我開始說明之前，我想要告訴你們我在奧地利的童年見聞。假日的時候，我父母曾經帶我們到一個叫做巴登（Baden）的小鎮，巴登的意思就是浴缸。為什麼會叫這個名字呢？因為這座小鎮有滾燙的泉水從地下湧出。這些泉水不是被人們加熱的，溫度來自大地本身。泉水有一種獨特的氣味，像是壞掉的雞蛋。浸泡在這種又熱又有異味的泉水中可以治療風溼，所以許多人會特地從遠方前來泡溫泉。世界上許多地方都有這種溫泉，例如英國、冰島、紐西蘭、美國與日本[3]。

泉水是在地下深處被加熱的。當人們在礦坑裡挖煤礦或鐵礦時，會發現當礦井愈深，溫度就會愈高。有些礦井非常深，人們需要用特殊的冷卻設備，否則就無法工作。前面學到了愈高就愈冷，現在我們知道了愈深就愈熱。

在煉鐵廠時，熔爐會產生高溫，讓鐵就像水一般融化與流動，變成了白色的炙熱液體。同樣的，**如果能夠往地下愈挖愈深，到最後溫度會變得非常熱，再也看不到任何固體的石頭，就連岩石也都化成了紅色的炙熱液體。**在現代，要往下挖兩千英里深才會見到這種情景，當然，還沒有人可以做到這一點。研究這方面學問的人表示，在遙遠的過去、在數百萬年之前，不需要挖到這麼深就可以找到岩石像液體一樣流動的炎熱地方。他們認為我們現在所處的地球

---

3　編注：台灣也有許多地方有溫泉，台北陽明山的溫泉也是硫磺溫泉。

表面曾經就是這麼炎熱，沒有任何岩石或石頭，全都是炙熱的液體。隨著時間過去，地球表面開始慢慢冷卻，一開始只有最外層冷卻下來，然後慢慢往下延伸。表層冷卻得非常非常緩慢，花上了好幾千萬年地表才開始硬化，就像熔化的鐵一樣凝固起來，在地表形成了堅硬的皮膚、堅硬的外殼。起初，地表堅硬的皮膚就是花崗岩。

上面提到的，只是解釋花崗岩由來的一種說法，叫做「地熱」理論。還有一些人有不同的看法，他們提出了「地冷」理論。這些人認為地底深處會這麼熱並不令人意外，如果你的手掌用力壓著桌子，桌子也會變熱。高山、海洋與各種岩石壓在地表上，因此愈深的地底也就會愈熱。但是他們認為，這並不代表地表曾經是炎熱的。他們認為地球並不是一塊無生命的大地，而是有活力的。我們知道螃蟹、龍蝦或海膽等等甲殼類動物可以在自身外圍形成甲殼，也許地球也同樣形成了自己的甲殼，而這個甲殼就是花崗岩。

花崗岩首次出現的年代太過於久遠，沒有人可以確定花崗岩是怎麼形成的。這種古老的、由三種石頭所組成的岩石，誕生的方式至今仍然是個不解之謎。

花崗岩首次出現的年代過於久遠，有人提出了「地熱理論」，也有人提出「地冷理論」。

## Chapter 5

# 火山岩

## 火山噴發後形成的岩石

想像一座花崗岩高山，山峰非常高，上面是充滿冰雪的永恆冬天；但是花崗岩也存在於這座山的地底深處，在深不可測的地底有著可怕的高溫，連岩石與金屬都非常灼熱。花崗岩山從底部的炎熱延伸到山頂的酷寒。像人類、動物與植物等等生物，正好就生活在高處的酷寒與深處的炎熱這兩個極端之間。你看，生命總是保持著中庸之道，不能過多也不能過少。因此在我們人生中，要謹記這一點——中庸之道是最好的道路。

在大地外殼的某些地方，地下數英里的地方溫度就相當高了，岩石已經熔化成紅色且炎熱的濃稠液體。這種熔化的岩石稱為「岩漿」（magma），在地下會形成「岩漿庫」（magma chamber）。岩漿會長時間待在岩漿庫裡，但是並不會永遠都待在地底深處。在某些地點，岩漿會從地底深處爆發，但沒有人可以預測爆發的時間。岩漿爆發是一種非常驚人的景象。多年以前，某個地方的岩漿爆發了，

岩漿以強大的力量，從地底強行創造出一條往上的道路，像是一條長長的管道穿過了岩石與土地，穿過在上方的任何東西，然後從地上的洞噴發而出。岩漿的溫度非常高，但是在地表冰冷的空氣影響之下，岩漿沒多久就會冷卻變硬，最後形成岩石。硬化的岩漿最後會形成一座小山丘，山丘的中間有一個洞，是岩漿噴發的出口。下一次岩漿噴發的時候就不需要強行開路，而會從之前的洞噴發出來。岩漿在舊的山丘上形成了新的山丘，但是之前的洞卻依舊存在。同樣的事情不斷發生，使得山丘愈來愈高，最後變成了一座有

▲火山口的形成。

花崗岩山從底部的炙熱延伸到山頂的酷寒，
而人類與動植物，則生活在這兩個極端之間。

31

火山口的高山。岩漿噴發的洞口稱為火山口（crater），在希臘文中是「攪拌碗」的意思。

羅馬有一位叫做伏爾坎（Vulcan）的工匠之神，負責為其他神打造武器。人們說：「凡人工匠會在鍛冶場裡打鐵，讓鐵變得柔軟而能夠鍛造。伏爾坎在地底深處也有一個鍛冶場，岩漿就是從祂的鍛冶場裡流出來的。」因此，由岩漿所形成的山就叫做火山，而火山的英文「volcano」就是來自於伏爾坎的名字。我們因此知道，火山跟其他的山不太一樣。火山就像是喜歡吵架的人、脾氣不好的人，火山難以跟他人相處，只好孤單一人。另一方面來說，山脈就像是喜歡交朋友的人，全都聚在一起。

火山的形成方式跟山脈大不相同。火山的形成過程不但不緩慢，反而是突發性的，來自於突然且猛烈的岩漿噴發，這個現象稱為「火山爆發」。

火山爆發是很恐怖的。首先，地底深處會傳出隆隆聲，緊接著火山口會噴發出蒸氣、灰塵與濃煙。隆隆聲再次響起，周圍數英里的大地都為之震動。然後一股炙熱的液體會像噴泉一樣從火山口噴發而出，沿著山坡流下，像是一條又熱又紅的蛇。同一時間，濃煙與灰塵會在火山口上方形成一朵巨大的雲。這片雲將遮蔽天空，直到夜色來臨，然後灰塵會像雨一樣落在周圍數英里的區域。這朵恐怖又炙熱的雲也可能會落到大地上，從山坡上勢不可擋的快速滾下。一旦發生這種情況，在這朵雲經過的路徑上，所有東西都會被摧毀

殆盡，甚至可能摧毀一整座城鎮。

• • •

　　從火山口流出的炙熱物體叫做熔岩，它會像蛇一樣流動。熔岩與岩漿是同樣的東西，在地底下的時候叫做岩漿，出現在地表時則叫做熔岩。熔岩流出後沒多久就會冷卻，變成堅固的石頭。在冷卻變硬的時候，熔岩通常會在表面上留下許多皺摺，看起來就像一條長長的繩索，稱為「繩狀熔岩」。

　　熔岩可以形成多種不同的石頭。有時候岩漿沒有衝上地表、依舊在地底深處，所以冷卻得非常緩慢，變成了「玄武岩」，海洋底部的地球外殼就是由這種深色的岩石所構成。還有一種天然的玻璃叫做「黑曜石」，是由快速冷卻的熔岩所形成的。黑曜石看起來像是深色的玻璃瓶，有著各式各樣的顏色。美國原住民在歐洲人前來之前還不懂得使用鐵，但是會用黑曜石來製作銳利的小刀與箭頭。

©Wikimedia Commons

▲當岩漿依舊在地底深處、沒有衝上地表，而冷卻得非常緩慢時，就變成了玄武岩。
▶黑曜石是快速冷卻的熔岩所形成的。

By Ji-Elle ©Wikimedia Commons

火山就像是喜歡吵架的人、脾氣不好的人，
火山難以跟他人相處，只好孤單一人。

By Hannes Grobe ©Wikimedia Commons

▲浮石是一種奇怪的岩石，上面有許多泡泡，還可以浮在水上。

海水或啤酒都會產生泡沫，熔岩也會產生泡沫，這些泡沫冷卻之後就變成了浮石。這種石頭可以用來擦掉手上的墨水。浮石是一種奇怪的岩石，上面有許多泡泡，還可以浮在水上。

會定時爆發的火山稱為「活火山」。然而，有些火山非常安靜，幾百年來都不曾有過火山活動紀錄，然後卻突然爆發。這種長時間不曾噴發，但會在某一天爆發的火山稱為「休眠火山」（也稱為「休火山」），也就是火山陷入睡眠的意思。如果一座火山完全沒有活動，也不再爆發，就稱為「死火山」。愛丁堡剛好就有許多這種古老的火山，例如：亞瑟王座山（Arthur's Seat）、城堡岩（Castle Rock）、卡爾頓丘（Calton Hill），還有在東方稍遠處的伯韋克山丘（Berwick Law）以及巴斯岩（Bass rock）。這些山現在都是死火山，但都曾經是會噴火的活火山。

登上活火山是一種奇特的體驗。以攀登義大利那不勒斯（Naples）近郊的維蘇威火山為例，火山低處的山坡可以看到田野與葡萄園，因為火山土非常富饒。再往上走可以看到荒涼的斜坡，像海浪般有著層層隆起，這些都是硬化的岩漿。所以在這裡的許多地方，我們腳下踩著的都是一層岩漿塊。每隔一陣子，腳下的大地就會開始震

動，並從地底下傳來轟隆聲。上山的路途非常辛苦，最後你將會來到頂端——巨大的火山口。從火山口往下望，火山口看起來像一個盆地，有著峻峭的邊緣，你可以看到火山口是由一層一層的岩漿所疊成的。在某些地方會有蒸氣不斷冒出，還會不時傳來小石頭滾下火山口的聲音。從維蘇威的火山口稍稍往下爬，你會發現火山的邊緣非常燙手，這就是地熱。再從火山口往下走，你會發現許多小蜥蜴四處逃竄，這些蜥蜴喜歡火山口的溫度。

　　歷史上，維蘇威火山噴發過數次，最有名的一次噴發大約是在兩千年前。在維蘇威火山約十公里外（這段距離可不短！）有一座富裕的羅馬城市稱為龐貝城。在西元79年的夏天，強烈的火山爆發將大

By Pastorius ©Wikimedia Commons

▲義大利那不勒斯近郊的維蘇威火山。

　　　　　　　　海水或啤酒都會產生泡沫，熔岩也會產生泡沫，**而泡沫冷卻之後就變成了浮石。**

By Bruno Rijsman © Wikimedia Commons

▲被維蘇威火山灰淹沒的龐貝城。

量的濃煙與灰燼噴上了天空,白天頓時變成了黑夜,落下的灰燼大雨淹沒了這座城市。到了近代,這座城市又被挖掘了出來,透露了許多羅馬人的生活方式(據說考古學就是起源於龐貝城廢墟的研究)。到龐貝城旅遊並行走在古老的街道上會是一件很奇妙的事。

　　觀察其他地方的火山,你會發現雖然火山活動很頻繁,卻不會很激烈,例如位於夏威夷島上的火山就是如此。巨大火山口內有著紅色的岩漿噴泉,會噴發出液態的岩漿,在晚上觀看會是非常特殊的景象。噴泉可以噴得很高,大約30公尺高,火熱的紅色岩漿「水滴」、噴出後會快速冷卻,變成「炸彈」四處落下。這裡也感覺得到大地的震動及地下的隆隆聲。四處都可以看到從地下噴出蒸氣的裂口,附近會有一塊塊的黃色硫磺,空氣中還有刺鼻的氣味。當你聽到、看到並聞到這一切,你就能了解,人類不需要深入到岩漿所在的地底深處,只要在火山附近,在地表的我們就可以感受到自己彷彿身處地底深處。

Chapter 6

# 地震與造山運動
## 不安定的大地

若你來到義大利的波佐利鎮（Pozzuoli，位於那不勒斯近郊，離維蘇威火山不遠），就可以親眼目睹並感受大地在地表上的活動。小鎮外圍有硫氣孔，常你接近這個地方的時候，還沒看到就可以先聞到味道了。硫氣孔有一種難聞的氣味，像是酸臭的蛋。硫氣孔是大而淺的火山口，有著淡色的沙土，某些地方還會有蒸氣冒出，不斷發出嘶嘶聲，就好像地面下有個煮開的水壺。在噴蒸氣的洞口旁邊有著滾燙沸騰的泥巴，還有各色的硫磺與礦物沉積在此，而且這些物體大多數都有毒。如果將紙揉成一團點火後丟下去，地面上的硫氣孔就會冒出濃煙與蒸氣來「回應」，有時候反應會非常強烈，冒出來的煙霧會籠罩在你的四周。有時候，硫氣孔會變得非常活躍，噴出來的氣體可能會造成傷害，因此禁止參觀。這時的大地就好像在生氣一樣。

▲硫氣孔是大而淺的火山口。

　　我們已經知道，經過很長的時間後，大地將會有很大的變化，例如陸地在數千萬年後形成了丘陵與高山。因為大地表面都在進行緩慢而大規模的變化。然而，不是只有陸地會有這樣的轉變，海底堅硬的海床也會上升，原本在海面下的海床將會變成陸地。相反的狀況也會發生，也就是陸地也可能會下沉變成海床。

　　波佐利鎮的另一端是一個古老的羅馬建築物，稱為賽拉匹斯神廟（Serapis）。在離海不遠處可以見到三根高大的大理石柱，至今已經聳立約兩千年了。如果仔細觀察這些石柱，會發現一些奇怪的現象：在石柱大約四公尺高的地方，大理石開始變色且變得粗糙。為

什麼會有這些損傷呢？答案很出人意料，這些石柱上的小洞原來是由住在海裡的甲殼類動物所造成的。甲殼類動物只有在水中才有可能留下這些記號，所以石柱一定曾經深埋在海中，然後又浮出了水面。這意味著海床曾經往下移動，然後又移了上來，而且這種情況還不止發生過一次而已。現在，石柱上的記號大約是在海平面之上七公尺處，但是這些記號的位置並不固定，而是一直在緩慢改變。然而，大地上下移動的過程也可能很短促。1984年時，這裡發生了一場地震，之後便發現波佐利鎮的海床上升了約兩公尺，使這裡的海灣變淺，無法讓大船停泊。在義大利的這一塊區域，大地較為動盪不安，大地的起伏比其他地方要來得更快。

義大利的其他地區也曾遭受地震侵襲。在1908年，一次可怕的地震在墨西拿市（Messina）發生了。墨西拿市是西西里島的海港。這場地震恐怕是歐洲有史以來最嚴重的一次。時間發生在12月28日的清晨，就在聖誕節過後沒幾天，當時大家都還在睡覺。突然之間天搖地動，大地就像海浪一樣起伏晃動，還伴隨著隆隆的聲響。僅僅數秒，房屋、宮殿、教堂的牆壁都倒塌了，數以千計的人們就這樣被掩埋了。然而這還不是最糟的事，比房屋還高的大浪（稱為海嘯）從海上席捲而來。許多地震中生還的倖存者都死於這波猛烈的洪水。在這個恐怖又黑暗的早晨裡，至少有七萬人喪生。

我們要記得，大地造山的運動過程緩慢而盛大，但是也要小心，一旦這種運動發生得既快速又突然時，會發生很可怕的後果。

賽拉匹斯神廟石柱上的痕跡，顯示陸地也曾經是海洋。

▲賽拉匹斯神廟其實是一個市集。

## Chapter 7

# 不同的岩石種類

## 深色的玄武岩和海底誕生的白堊與石灰岩

花崗岩就像是大地溫和又充滿愛心的一面，而大地脾氣不好的時候就會發生火山爆發，那是大地憤怒的表現。除了世界各地尋常的小地震之外，也許是因為人們在地上的惡行，大地才會發脾氣製造出這些可怕的火山爆發與地震。大地希望我們跟花崗岩一樣，有智慧、意志堅強又溫柔。但是如果世上充滿著各種惡形惡狀，那麼總有一天，大地將會對人們發脾氣、表現它的不滿。

深色的玄武岩是花崗岩的親戚，它有時候會顯露出不同的一面。當你來到愛丁堡的亞瑟王座山時，你將會看到「參孫的肋骨」（Samson's Ribs），這個山壁上的石柱看起來就像巨人的肋骨。這些玄武岩石柱不是圓的，而是六角形的，也就是有六個平面，就像巨大的水晶一樣。你還可以在另一個地方發現這種玄武岩石柱，那就是在赫布里底群島（Hebrides）中的斯塔法島（Staffa）。島上知名的芬加爾洞（Fingal's Cave）看起來就像是個天然的大教堂。當知名音樂家孟德

▲愛丁堡亞瑟王座山壁上的石柱，看起來就像巨人的肋骨。

爾頌（Felix Mendelssohn, 1809 − 1847）來到這座島上時，高大的石柱跟洞內奇特的回音深深感動了他，使他寫下了一段美妙的音樂，也就是知名的《芬加爾洞序曲》（*Fingal's Cave Overture*）。許多畫家跟詩人也從此地獲得了靈感。在北愛爾蘭有另一項自然奇景，稱為巨人堤道（Giant's Causeway），同樣也是由六角形的玄武岩所構成。多年以前，芬加爾洞與巨人堤道是相連的，兩者都是由數百萬年前的巨大

©Wikimedia Commons

◄芬加爾洞就像個天然的
大教堂。

岩漿洪流所產生。很難想像當時的岩漿規模是多麼浩大，今日的岩
漿洪流完全無法與其相比。

　　玄武岩的顏色很深是因為蘊含了鐵。不過玄武岩還蘊含了另一種
金屬，那就是鎂。我們的血液中也含有鐵的成分，是鐵讓我們的血
液變成紅色；鎂對植物的重要性就跟鐵對人類一樣，是鎂讓植物變
成了綠色，因此可以吸收陽光。先前提過，在這片大地上，陸地的

鎂對植物的重要性就跟鐵對人類一樣，
是鎂讓植物變成了綠色，因此可以吸收陽光。

地殼之下是花崗岩，而海洋的地殼之下是玄武岩。有時候玄武岩會因為火山活動而冒出地表，這種岩石蘊含著鐵與鎂這兩種生命必需的成分。

· · ·

但是，因為岩石中蘊含了許多成分，所以岩石的種類也很多。地殼中有豐富的長石，長石蘊含著鈣。我們身上都有鈣的成分，就是鈣構成了骨頭，並使骨頭強壯。海洋生物的甲殼也含有鈣，例如螃蟹、海膽與貝類。有一種岩石便是由這些甲殼而來，它的形成方式與花崗岩及玄武岩完全不同。

想像一下多年以前的熱帶海洋淺灘，這裡生活著許多生物，有魚類、珊瑚與貝類。海洋裡有成千上萬的微小生物在水中漂浮著，讓海水看來有些混濁，而這些生物身上都有著美麗的白色甲殼。當這些小生物死去之後，牠們會沉到海底，身上的甲殼粉末累積成了泥巴。經歷數千年後，這些甲殼會在海底堆積成厚厚的一層。隨著時間過去，堆積物在壓力之下形成了一種岩石，稱為「白堊」，是一種材質較軟的石灰岩。白堊與石灰岩都是在海底誕生的。

英格蘭南部的多佛白色峭壁（White Cliffs of Dover）、唐斯高原（Downs）與切達洞穴（Cheddar Caves）都是由石灰岩形成的。石灰岩是一種非常普遍的岩石，你可以在法國與瑞士邊境的侏羅山（Jura）上找到石灰岩，也可以在歐洲或世界各地的大陸地底下發現它們的

蹤影。這些堅硬的石灰岩原本都是海洋中的小生物，我們可以說，這是一種由動物形成的岩石。雖然我們現在看到的石灰岩是無生命的，但形成這些岩石的物體卻是有生命的動物。

　　我們也許會認為，生活在花崗岩或石灰岩之上沒有什麼分別，但其實有所不同。生活在花崗岩上的人們較為清醒，肢體比較有活力，人也比較活躍，想要找事情做；而位於石灰岩上的國家，人們較為夢幻，也比較沒有活力。有些人偏好花崗岩，有些則偏好石灰岩。

▼英格蘭南部的多佛白色峭壁就是石灰岩形成的。

Chapter *8*

# 石灰岩

## 來自熱帶海洋的岩石

現在，我要請你回想一下岩石與高山的形成方式。石灰岩是由數百萬的甲殼累積而成，與火山形成的方式非常不同。這兩者同樣都是地殼的一部分，但是火山的起源地是火，而石灰岩的起源地是水。你應該還記得大自然有四種元素：火、水、空氣跟土，每一種元素都扮演著形成世界的重要角色。

多佛白色峭壁原本是在海底形成的，現在的位置卻比海平面高上許多，為什麼可以在海平面上找到石灰岩呢？想想看，我們呼吸的時候，胸口會隨之起伏，大地也同樣會用緩慢的速度起伏，某個地方上升時，也許另一個地方正在下降。某些地方的海床上升成為了陸地，例如那不勒斯的賽拉匹斯神廟；貝殼形成的岩石如今在陸地上變成了山丘，例如本寧山脈[4]（石灰岩）及唐斯高原（白堊）。大地

---

4　編注：本寧山脈（Pennines）位於英國北部，有「英格蘭的脊梁」之稱。

的「呼吸」不僅僅發生在英國，歐洲、美洲與非洲的大部分陸地都曾經是海洋。

你可以在比本寧山脈更高的地方找到石灰岩。石灰岩是構成阿爾卑斯山的主要部分，世界最高峰喜馬拉雅山的山頂也有石灰岩。古老貝殼的殘骸如今正位於高達天際的山頂，這也許聽來有些古怪，但是形成這種現象還有另一個原因：**當大地製造年輕的新山脈時，大地會使用當地既有的岩石（也包括了石灰岩），而在年輕山脈形成的時候，石灰岩已經很年長了。**在大地擠壓挪移的過程中，石灰岩就這樣來到了阿爾卑斯山與喜馬拉雅山的山頂。

石灰岩是在熱帶海洋中形成的，但在世界上不同氣候的各地，卻都有石灰岩的蹤影，並不是只出現在熱帶地區。英國多佛附近的海洋很明顯不是熱帶海洋，這裡怎麼會有石灰岩呢？因為大地不僅會起起伏伏，也會在地表上移動，例如寒冷的大地可能曾經是炎熱的沙漠，曾經是熱帶海洋的地方現在也可能移動到了北方的寒冷地帶。陸地在地殼上緩慢移動著，一切事物都會改變。來自水中的岩石或山脈，堅硬程度各不相同，因為岩石形成時所承受的壓力以及小貝殼的密集度，都會影響岩石堅硬的程度。白堊是其中最軟的，這種岩石很容易崩塌；石灰岩則較為堅硬，也比較不容易崩塌。大理石是一種美麗的白色岩石，古希臘與羅馬人都會用這種岩石來打造雕像與耀眼的白色神殿，大理石屬於石灰岩的一種，但是卻經歷了轉變。在大地緩慢的移動當中，有時候石灰岩會被擠壓到地底深

石灰岩是在熱帶海洋中形成的，
但在不同氣候的各地，卻都有石灰岩的蹤影。

▲有時候，大理石會參雜其他物質，而有了多樣的色彩與花紋。

處（有些岩石會被往上推，有些則被往下擠）。石灰岩在地底下被加熱，過了一段時間之後，當石灰岩再次移往地表時，就變成了美麗的大理石結晶。石灰岩跟大理石並不全都是白色的，有時候會參雜其他物質，例如沙子、黏土與植物殘骸，這些混合物讓大理石有了多樣的色彩與花紋。

不論這些源自於大海的岩石跟山脈有多麼堅固，也比不上花崗岩或玄武岩。這些岩石比較容易被強風或水流磨損，這就是為什麼石灰岩通常都有著奇怪的形狀，有時候會看起來像是城堡或騎士。

雨水就可以緩慢的將石灰岩溶化，像是在充滿石灰岩的地下，當雨水流入地底之後，就會形成各式各樣的地下河流、水道與長滿了鐘乳石的奇妙洞窟，甚至還有地下湖泊。有一群人叫作「洞穴探險家」，他們特別喜歡探索這些位於地下的奇妙美景，但是這些地方有時候也是很危險的。

石灰岩用途很廣，常常被用來建造房子。埃及的金字塔與倫敦的國會大廈都是用石灰岩建造而成的。現代建築材料也會用到石灰岩，例如水泥與混凝土。總而言之，**石灰岩是建築材料最重要的原料，就連我們身上堅硬的骨頭，也是一種活的石灰岩。**

現在我們知道，每一種岩石都有著自己的故事。

石灰岩在地底下被加熱，
過了一段時間就**變成了美麗的大理石**。

## Chapter 9

# 煤炭

## 植物形成的岩石

石灰岩是屬於「動物」的岩石，因為石灰岩是由海洋生物的殼所形成的。還有一些石灰岩是來自於古老的珊瑚礁；雖然珊瑚看起來像是植物，但其實是動物。這種古老生物很難分辨究竟是動物還是植物。那有沒有岩石是由植物所形成的呢？有，一種叫做煤炭的黑色岩石就是植物所形成的。

我們的火力發電廠需要燃燒百萬噸的煤炭，因為燃燒煤炭所產生的熱量可以轉換成電力，而現代社會需要電力才能運作。雖然產生電力的方法有很多種，但我們至今仍然需要仰賴煤炭。我們已經知道，大量燃燒煤炭是不好的事，因為燃燒煤炭會改變空氣，增加二氧化碳，造成氣候變化。這不但是今日我們要處理的問題，在將來也必定要面對。

當然，大多數植物都是綠色的，那為什麼煤炭是黑色的呢？如果你觀察肥料堆中死去的植物，你會發現植物會先變成棕色，然後是

黑色。到了這個時候，植物就變成了對土地有益的「腐植質」。想一想木炭的樣子，木炭原本是木頭，雖然被烤焦了，但是卻沒有燒成灰燼。木炭的黑色是一種稱為「炭」的物質，所有動植物都含有炭成分。**品質最好的煤炭幾乎是純粹由炭組成，而炭也曾經是活生生的植物。**

　　什麼樣的植物才會變成煤炭？又是怎麼變的呢？大地的歷史上，曾有一段時間產生了大量的白堊，稱為白堊紀。比這更早之前，有一段時期產生了大量的煤炭，稱為石炭紀（石灰岩與煤炭並不只在這兩個時期產生，但是主要都是在這兩個時期）。那個時候的大地上有著大片的森林，不是零落分布在各地，而是布滿了地表大部分區域。這種森林跟我們所知的現代森林不同，生長的植物外形也完全不一樣。今日也有蕨類和木賊植物（屬於擬蕨類），但是石炭紀的蕨類和木賊植物種類卻更多，而且是非常高大與奇特的樹木，與今日所見的植物完全不同。今日也有樹狀的蕨類（樹蕨），但是一般所知的樹木，例如橡樹、桉樹、楓樹、樺樹等等，在當時都還不存在。除此之外，那個時候也沒有會開花的植物，整個世界連一朵花也沒有。石炭紀炎熱的沼澤森林在我們眼裡會非常奇特。

　　這些泥濘的沼澤森林是如何變成今日採煤的煤層呢？要了解多年前發生的事情是很困難的，但是就目前所知，海平面似乎改變了許多次，可以推測大概是：海水上漲，淹沒了大部分的森林。在海床上，死去的植物集結成堆，逐漸被泥沙與貝殼覆蓋。掩蓋在植物殘

石灰岩是屬於動物的岩石，
煤炭則是植物所形成的。

骸上的海水與泥土不斷向下擠壓，將植物擠在一起，形成了一層厚厚的黑色煤層，上下都被泥土包圍。然後海平面又終於下降，露出沒有植物而只有泥沙的土地。不久之後，新的種子落到這片土地上，植物開始生長，最後長成了一片新的森林，就跟之前的森林一樣遼闊。

隨著時間過去，海平面又會再次升起，淹沒了新的森林，植物殘骸在海底形成黑色的煤層。百萬年來，陸地與海洋不斷緩慢交替，形成了許多黑色煤層互相交疊。你將會發現煤層可以多達40層，有時候還有砂石或石灰岩層夾雜於其中。地殼裡一層一層的岩層就像樹木的年輪，隨著生命潮起潮落緩慢成形。與年輪相同的是，每一層煤層都有些許不同，有些比較薄，有些比較厚，但是煤層跟年輪有兩大不同之處。

首先，煤層比年輪要大得多了，常見的就有三公尺厚，有些煤層還要更厚。其次，年輪是一年形成一層，地下的煤層卻形成得很慢，需要花好幾千年才能形成一層。生活在地球上的我們只習慣用兩種週期：日與年，但這個世界還有更長的週期。在你學天文學時，會學到一個很重要的週期稱為「歲差」（Precession），長達兩萬六千年。地球的生命週期中還有許多更長的週期，例如四萬年、十萬年等等。這些漫長的週期很可能在煤層中留下了痕跡。

煤的種類很多，差異則取決於煤層承受多少來自上方的壓力。在地底最深處的煤承受了最多的壓力及熱度，因此也是品質最好的

煤。這種煤稱為「無煙煤」，不但燃點較高而且燃燒時較為乾淨、煙霧較少。但是因為開採不易，所以不常見。常見的煤炭種類稱為「瀝青」，瀝青承受壓力較少，因此比較軟，燒的時候煙也比較多。最軟的煤是深棕色的，叫做「褐煤」，看起來就像是壓在一起的泥煤。

最後的疑問是：為什麼煤炭能蘊含這麼大的能量？為什麼我們可以使用煤炭的能量與熱度，卻無法使用地底下的其他岩石？原因是，古老的森林從普照的陽光吸收了能量跟熱度。陽光的部分能量與溫度被「封鎖」在煤炭之內。當我們點燃煤炭時，就解開了這種黑色石頭身上的咒語，釋放出陽光的溫暖。

我們也都像煤炭，體內潛藏著能力與天賦，一旦被「點著」，就可以釋放出來。我們應該保持敞開的心胸，相信自己與身邊的人都擁有隱藏的能力與潛能。

地殼裡的岩層就像樹木的年輪，
隨著生命潮起潮落緩慢成形。

*Chapter* **10**

# 水的運動
## 改變大地的力量

**我**們已經知道高山與岩石是如何形成的，但是世界上沒有東西是恆久不變的。高山跟我們一樣，會「出生」也會「死去」。所有事物都在不斷改變，就連最古老雄偉的山也不例外。而水就是造成這些改變的原因。

　　想像一塊大石頭，上面布滿了細小的裂縫，就跟其他岩石一樣。下雨的時候，雨水填滿了裂縫，當寒冷的冬天來臨時，裂縫裡的水就凍結成冰。當水結冰時，體積會膨脹變大，這是一種奇妙的現象，而且有著巨大又無法阻擋的力量。這一股力量可以將裂縫撐大。夏天時冰會融化，但裂縫遲早又會再次結冰，這些步驟重複多次之後，裂縫變得愈來愈大，讓一小部分的岩石崩落。你可以在山裡的碎石陡坡上找到這類散落的小石頭，水的結冰與融化造就了這些碎石。

　　下雨的時候，水在山坡上會形成細流，這些小細流匯集在一起成

為一條大的水流，這股水流將會帶動石頭一起流動，這些石頭在流動的過程中會不斷互相摩擦。小石頭尖銳的邊緣遭到磨損，最後都變成了圓形的小鵝卵石。每一條河流都可以發現鵝卵石的蹤影。這些光滑圓弧的鵝卵石都曾經是尖銳的石頭，在流水中被磨成了現在的樣子。

水流中的水讓石頭不斷互相摩擦，在這個過程中，細小的部分被磨了下來，因此石頭變得愈來愈小，最後只剩小小的顆粒，也就是我們所稱的沙子。沙子就是由被流水不斷磨損的岩石所形成的。碎石、鵝卵石與沙子都會被水帶往下游。石頭愈小，就愈容易被水帶著走，因此上游處會有較多的鵝卵石，而下游則會有較多的沙子。

當花崗岩崩裂時（以凱恩戈姆山的花崗岩為例），石英與長石也會因此分開。石英比長石堅硬，所以不會分解成很小的顆粒，長石則沒有那麼堅硬，因此會變得愈來愈小，直到像是灰塵一般細小，而這些灰塵在水裡時就像泥巴一樣。這種泥巴正確的名稱叫做「黏土」。如果你用手指觸摸沙子，會覺得很粗糙，但是黏土摸起來卻很光滑柔順。

總之，當水結成冰時就能崩解岩石，然後將崩解的岩石隨著水流帶往下游，變成了碎石，然後再變成了沙子與黏土。沙子與黏土會繼續被水帶往河的下游，當河流來到海洋邊時通常會變寬，水流也會變慢。緩慢的水流無法再帶動所有的泥巴，因此大部分的沙子與黏土都在此沉澱了下來，沉積在河床上與河岸邊。我們都曾經在河

尖銳石頭被水流不斷磨損，
最後形成了鵝卵石、沙子或黏土。

邊看過沙子與黏土,而當河流流向海洋時,水也會一起帶走沙子和黏土,大多數的沙子與黏土最後就來到了海洋,落在海床之上。

當沙子、黏土與泥巴落到了海底或湖底,就會形成一層土層,叫做沉積物。由石灰岩的例子可知,沉積物受到壓力之後也會慢慢變成岩石。這種在水下形成的岩石稱為沉積岩。石灰岩是沉積岩的一種,砂岩也是。如果一堆沙子長時間承受往下的壓力,就會形成砂岩。但並不是所有沙子都在海底,海浪的運動會將沙子推向海岸邊,這就是沙灘的由來。

**河流製造沙子與黏土的過程持續了成千上萬年。當這些砂土露出地面時,植物會在上面生長,生物也會藏身於其中,多年來這些動植物在這片砂土上生活,使得這片砂土的最上層變成了土壤。**是水將沙子與黏土從山上帶了下來,才造就了今日肥美的土壤,讓植物可以在土壤中生長茁壯,讓我們得以種植作物來食用。

如果水沒有侵蝕山脈,如果水沒有帶動石頭互相摩擦而變成砂土的話,那麼就沒有任何植物會生長,人類也沒有食物可以吃了。當你看到花園或田野裡的柔軟土地時,你就會想到這些土壤曾經是高山上的堅硬岩石;你會想到是水緩慢侵蝕著山,將碎石沖刷下來,我們才有肥沃的土壤可以種植食物。

*Chapter* **11**

# 水的循環

## 從海洋出發，最終回到海洋的路程

現在讓我們再多了解一些關於水的事情。我們都看過水煮開的樣子，這時會冒出叫做「蒸氣」的白色炎熱煙霧。如果用水壺不斷的煮，最後所有水都會變成蒸氣冒出來。如果你把溼衣服掛起來，衣服會變乾，衣服裡的水也會消失，這些水也變成蒸氣了，但是這種蒸氣卻細微得難以察覺。如果我在這裡滴一滴水，水過一陣子之後也會消失。為什麼呢？因為這滴水變成了看不見的蒸氣。拉丁文的「vapor」就是蒸氣的意思，而水的消失就叫做「蒸發」（evaporation）。水的底下並沒有火在燒，那它又是怎麼蒸發的呢？答案是來自上方的溫度，也就是溫暖的陽光。

想一想世界上所有海洋、湖泊與河流，太陽照在它們身上，因此世界上所有的水，都大量蒸發出看不見的蒸氣。假如水滴可以開口述說自己的故事，它們會說：

「我們是海洋中的大浪，太陽耀眼的光芒照了下來，陽光的力量將我們帶了上去。我們不斷往上升，變得跟空氣一樣輕，愈來愈多跟我們一樣的水也上來了，我們都變成了美麗的白雲。我們漂浮在海洋父親的上方，多麼美好！然後風吹過來，將雲朵帶走了。我們飛過了陸地、田野、森林與山脈。

　　「在高山附近很冷，因此白雲開始變暗，寒冷的空氣使我們變得沉重。我們變得愈來愈重，無法再待在天上，因此我們變成了雨，從天空落下。

　　「我們當中有些落在田野上，有些落在森林中的樹木與花朵上，它們都很歡迎我們的到來。我們當中還有許多落在山上的岩石裡。落在岩石上的水，有一部分又被陽光帶回了天上，一部分則滲入了岩石裡，還有一部分在岩石上變成了細流。數道細流匯集的地方，我們開心的彼此相見並融合成小水流，小水流聚集在一起，形成了一條流過岩石的小溪。小溪與小溪又匯合在一起，我們又再次聚集在一起了。這時候我們已經是水流湍急的山川，山川與山川匯合，變成了一條水勢洶湧的河。河水流著流著，又與其他的河流匯合了。

　　「現在我們已經是一條流經平原的大河。河上有許多船隻，載著商品與旅客，渡船在兩岸之間來回航行。河上有一座大橋，河邊有著宏偉的城市。但河水仍毫不止息的流動著，我們流向了大海。我們結束了漫長的旅程，開心的回到了海洋父親身邊。當太陽光再次將我們帶上天時，我們又會開始下一段旅程。」

　　這就是河流的一生。從山上流至海中的河水，原本是來自於海洋。水從海洋上升變成雲，然後變成雨而落下。是太陽造就了河水的流動。沒有太陽的話，也就不會有雲、雨及河流了。水滴從海洋出發，最後回到海洋的路程就像一個圓圈，總是會回到開始的出發點。這就是水的循環。同樣的，我們身體裡的血液也會不斷循環，不斷繞圈子，而心臟則扮演了「太陽」的角色。

　　我們學到了小溪及河流會緩慢侵蝕著山，將岩石磨成沙子與黏土，最後變成土壤。是什麼造就了肥美的土壤呢？答案就是太陽。太陽不但能使植物生長，也造就了植物生長所需的土壤！

太陽促成了水的循環、
使植物生長，並且造就了土壤。

## Chapter 12

# 流動的風

## 不斷交換的冷熱空氣

我們學過了大地跟水，現在來學習跟風有關的事。我們看不見空氣，因為空氣沒有顏色，就算房間裡充滿了空氣，我們依然看不見。但是，這個看不見的東西卻是存在的，如果房間內的空氣稀薄，我們就會覺得很悶，需要打開窗戶呼吸新鮮空氣，所以我們可以知道——看不見的空氣的確存在。

有一些方法可以讓我們看到空氣。水沒有顏色，但是我們可以用顏料幫水染色；同樣，我們可以在空氣中加入某些東西，幫空氣染色而讓我們看見。我們一定都見過染色的空氣，我指的就是「煙」。從火上冒出的煙，其實就是空氣被灰燼染色的結果。

灰燼並不會自己升起，是空氣帶著灰燼浮起的。你所看到的煙，就是空氣上升的樣子。我們都知道為什麼火上方的空氣會上升，這是因為空氣是熱的。我們知道當水煮開時會冒出蒸氣，而空氣遇熱時也會上升。那寒冷的空氣呢？冷的空氣就會下降。以壁爐為例，

熱空氣會隨著煙囪上升，而冷空氣則從下方流入壁爐，這種現象稱為「氣流」。

如果沒有氣流，火就無法燃燒了。熱空氣上升，冷空氣從下方取代熱空氣的位置，這樣的過程同樣會出現在大自然中，這就是風的由來。

現在，我們要學一些比較複雜的觀念。想像現在正處於夏天，我們在一個天氣晴朗的日子來到了海邊。太陽同時照著陸地與大海。大約在吃午餐的時候，你會發現石頭跟沙子的上層會變得很溫暖，但是水還是冷的，比陸地的溫度要低。比起水，陸地與石頭溫度上升的速度快得多了。如果陸地比較熱，陸地上的空氣也會比較熱，並且會往上升，這時候來自海上的冷空氣就會吹向陸地。因此，在一個天氣暖和、氣候穩定的日子裡，下午時候海邊會吹來清涼的微風。

想想晚上的海邊，雖然陸地、石頭與沙子在陽光下溫度上升很快，但是溫度流失的速度也很快。而雖然水的溫度上升緩慢，但是流失的速度也慢。這時候的水仍然是溫溫的，而陸地上卻已經變冷了。因此，在晚上的時候，微風是從陸地吹向海洋的。

現在想一想整個地球。在炎熱赤道上的熱帶國家，大量的熱空氣會上升，從赤道向外，往南方與北方分散。較冷的空氣因而進入赤道，但是這種空氣仍是暖的。在冰冷的極地，空氣在此處落下，冷空氣不斷從極地向外流動。不過，在赤道風與極地風中間的溫帶地

空氣沒有顏色，
而火上面的煙，就是空氣被灰燼染色的結果。

61

區，風是朝著極地的方向吹。空氣的循環使得海面上的風全年無休的吹動，同時因為地球轉動，風不只是朝南北移動，也會向東西方移動。赤道的兩端有著穩定可靠的「信風」。若再往北走（或往南），將會碰上吹著反方向的冷風，由西方吹向東方，稱為西風。在古老的時候，海上的船隻就是利用這些風來航行。因此，**我們身邊的空氣永遠在不停移動著，熱空氣上升、冷空氣下降，還會隨著地球轉動。**

冷熱空氣的流動並不總是緩慢而穩定的循環。有時候風會變成瘋狂旋轉的陀螺，這種瘋狂旋轉的氣流發生在溫暖的熱帶地區，稱之為颶風[5]。有時候颶風會侵襲海岸，美國南方的海岸就時常遭到颶風侵襲，樹木像是火柴般被折斷，房屋也像被推土機推平了一般，就連車子或房子都可能會被吹到半英里之外。

奇怪的是，這個空氣陀螺的中心是完全沒有風的。颶風的周圍是狂風暴雨，而中心卻是一片平靜，甚至可以看到上方的藍天與太陽。這個靜止的風暴中心被稱為「颶風眼」（或颱風眼）。煙從火中上升的現象，就是地球上所有風的成因，就連颶風也一樣，都是熱空氣上升、冷空氣下降。是什麼讓風在地球上流動呢？答案是太陽的溫度。空氣與水的運動同樣受到太陽影響。

---

5　颶風是大西洋及東北太平洋地區的稱呼，在西北太平洋沿岸（包含台灣）則稱為颱風。雖然名稱不同，其實都是指「熱帶氣旋」。

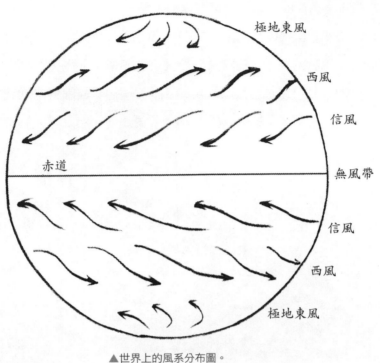

▲世界上的風系分布圖。

　　太陽照熱陸地與海洋還有另一種效果。回想一下英國的夏天與冬天。英國四面環海，冬天時，你也許會覺得海岸邊的海水非常冷，但是因為海水冷卻的速度較慢，所以海洋的溫度仍然比陸地要高。海洋上的暖空氣會升起，向我們散布過來，所以我們的冬天並不嚴峻，沒有大量的冰與雪。在夏天時，海水的溫度跟陸地比起來較涼，所以我們在夏天時可以得到不少涼風。因此我們的夏天也不會

煙從火中上升的現象，就是所有風的成因，
都是熱空氣上升、冷空氣下降。

非常熱，而冰涼的空氣還會帶來雲跟雨呢！

　　現在來想想歐洲內陸的國家，這些國家離海邊很遠，空氣無法直接從海岸流動過去。這些國家的夏天會非常熱，而冬天則非常冷。一整年的天氣可以被稱為「氣候」，而英國的氣候就與奧地利大不相同。原因有兩種，第一是因為英國位置較北，第二是因為英國四面環海。

## Chapter 13

# 冰河時期與冰河地形
## 冰如何蔓延到世界各地

我們學過了大地、空氣、水以及太陽的溫暖,而且是太陽讓空氣和水在地球上流動。這些現象建構出我們今日生活的世界,並且還在不斷建造當中。還有一種東西在建造地球上占了很重要的地位,那就是雪與冰。

在阿爾卑斯山這樣的高山頂端,冰雪可以度過一個又一個冬天,不會融化。可是,如果每個冬天都降雪,幾千幾萬年來,阿爾卑斯山或喜馬拉雅山的積雪早就比山還高了。為什麼山頂的雪不會增加?當雪堆積成很厚一層的時候,上面的雪會讓下方的雪承受很大的壓力。當雪受到壓力時,會由原來軟綿綿的雪變成堅固緊密的冰,並且開始融化。當冰雪位於斜坡上時,底部的冰會變成融化的水,整塊冰層會緩慢從岩石上方往下滑動。

這種移動的冰原稱之為冰河,實際上就是一條由冰所形成的河流,用非常非常緩慢的速度往下流。冰河可以流多遠呢?當冰河來

到某個地方，當地溫暖的夏季空氣足以融化全部的冰跟雪時，就是冰河的終點。冰河會衍生出小溪，但是不會完全融化，因為總是會有冰與雪不斷從冰河頂端落下。冰河是個壯觀的景象，那是一大片的冰原，有40、50甚至100公尺厚。冰河上會有稱之為「冰隙」的裂縫，有些很窄，有些則又深又寬。這些裂縫讓橫渡冰河變得非常危險與困難。從裂縫中看下去，你可以看到底下深層的冰，看起來是藍色的。當你觀看冰河的時候，冰河就跟岩石一樣堅硬且穩固，似乎完全沒有移動，但只是看起來如此而已。如果你在冰中插一枝旗子，過幾天再回來，你會發現旗子已經往下移動好幾公尺了，這枝旗子遲早會到達冰河的終點。這一大片的冰原動作很慢，只是緩緩向下爬（有些冰河幾乎動也不動，而速度快的則可以一天移動好幾公尺）。

冰河還會帶有許多大圓石、岩石與小石頭，這些石頭都是因為冰河而崩解下來的。所有石頭都會緩慢被帶向冰河的終點，來到冰河融化的地方，然後遺落在空曠的地上。像這樣將石頭向下移的現象，經過多年累積之後，會在每一條冰河尾端形成壯觀的外緣——由各種石頭形成的外緣，而冰河尾端的壯觀外緣稱為「冰磧」。

奇怪的事情是，世界上許多地方都有巨大的冰磧，布滿了大圓石、鵝卵石和小石頭，但是冰磧的位置卻在山谷或平原上，離冰河很遠。很長一段時間內，沒有人可以解釋冰磧是怎麼來到這些地方的。最後，一位名為路易士・阿格西（Louis Agassiz, 1807–1873）的瑞

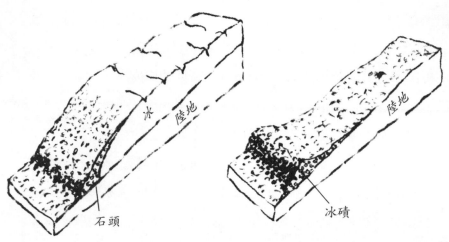

冰 陸地

石頭

陸地

冰磧

▲冰河會帶動石頭，當冰河融化時就形成了冰磧。

士科學家找到了答案。在遠古時期，冰河一定曾經延伸到比今日更遠的地方——這稱為「冰河時期」，大約僅距今一萬年而已。我們因此得知了冰河時期的存在。現在，回想一下大地與山脈，想像一下這幅景象中的大地與山脈都被冰所覆蓋了。在冰河時期，冰掩蓋了許多區域。英國大部分地區都深埋在冰下，所有高山都被冰河覆蓋。北美洲和歐洲大部分區域也同樣在冰河之下。

　　冰河的底部是大規模的摩擦痕跡（就像在木工課時看見的那種痕跡）。冰河往下移動時，會摩擦底部的岩石。這種擦痕不光是由冰造成的，還有無數的岩石與石頭。當冰河移動時，這些石頭與冰就與底部的河床不斷摩擦。時至今日，你仍然可以在許多地方看到石頭上有冰河時期所留下的平行擦痕。冰河時期的冰河大肆磨損了山

當溫暖的夏季空氣足以融化全部的冰跟雪時，
就是冰河的終點。

脈。在平坦完整的小山丘之間，你將會發現冰河的擦痕造出了圓滑的U形山谷。通常在這種山谷的底部會有小溪流動，不過這廣大的山谷卻不是由小溪所造成的，而是冰河時期的雄偉冰河。英國的陡峭地形就是冰河所造成的。

如果你刮木頭，刮下來的木頭會留下木屑，冰河移動所留下的擦痕，也產生了大量各種岩石的碎屑。這種混合的石頭碎屑稱為「泥礫」。在冰河時期末期，冰融化之後留下了湖泊、河流與大量的泥礫。沒多久，植物就開始在此生長，動物也前來居住，泥礫便與動植物的殘骸混合在一起，形成了肥沃的表層土。這些冰河時期遺留下來的岩石與泥土，變成了這個世界最好的農地之一，其中包括蘇格蘭東南部洛錫安區（Lothians）的肥沃土地。

冰是怎麼蔓延到各地的？為什麼這些冰會融化，然後回歸北方或高處？沒有人知道真正的原因，但是卻有許多可能的答案。這些改變可能跟地球的大氣層有關，可能是因為大地的「呼吸」，也就是跟二氧化碳的增減有關；也可能是因為照射地球的陽光強度改變了；又或許是許多火山同時爆發，煙霧跟灰燼遮蔽了天空好一陣子；還有可能是風的變化，或是海洋中暖流或冷流的改變；真正的原因也可能與這些都無關。說不定在數千年後，冰河又會再次向我們蔓延而來。

## Chapter 14

# 山如何告訴你它的經歷

## 愛丁堡亞瑟王座山的故事

我們知道了山脈「出生」的方式，也知道了風跟水是怎麼將山磨平的。我現在要介紹一個愛丁堡的山丘——亞瑟王座山。

每一座山都有自己的故事，專門研究山脈和岩石的地質學家從岩層與石頭，就可以看見這座山的故事。

亞瑟王座山的故事要從數百萬年前開始講起，那時亞瑟王座山還不存在。當時，在愛丁堡南方附近發生了猛烈的火山爆發。火山爆發帶來的岩漿與灰燼漸漸形成了山脈，至今仍然可以看到這些山遺留下的蹤影，例如朋特蘭山（Pentlands）、布雷德山（Braid Hills）、布萊克弗德山（Blackford Hill）。但是當時的天氣與氣候跟現在差異很大。當時的這裡非常熱，熱到整個地區都是沙漠。也許聽來很不可思議，但是石頭告訴我們的就是如此。蘇格蘭的低地曾經是一塊深埋在沙子底下的沙漠。

數百萬年後，大地開始下沉（或是說海洋開始上升），有著厚厚沙土

▲亞瑟王座山。

的沙漠變成了海底。沙漠的沙子在承受壓力之後變成了砂岩。然而，過了幾百萬年之後又發生了變化，砂岩上方的水變成了寧靜的熱帶海洋，有著長滿樹木的海灘與充滿生命的潟湖，湖裡住了魚、蝦與蚌。

之後，這個熱帶海洋發生了一場劇烈的火山爆發。岩漿要穿過這麼多層的岩石，可見這場火山爆發一定非常猛烈。岩漿夾雜著各種石頭噴發而出，而現今「城堡岩」的位置也因此形成了一座火山。在這次的劇烈噴發之後，我們所知的亞瑟王座山開始有了雛形。

這座山是由岩漿、灰燼，還有那些伴隨著岩漿噴發而出的石塊共

▲位於愛丁堡的城堡岩。

同形成。而且噴發出岩漿的火山管（volcanic pipe）[6]仍是開放的，許多次強烈的噴發後，又流出了更多的岩漿。岩漿與灰燼覆蓋了當時的一切事物。

亞瑟王座山的火山燃燒冒煙了很長一段時間，之後濃煙愈來愈少，最後變成了休火山。噴發管道裡的岩漿在冷卻之後硬化了，然後火山就停止活動，變成了死火山。之後陸地下沉，亞瑟王座山慢慢沉入了海底，埋藏在海底深厚的沉積物之下。這片海洋中有著珊

---

6　編注：岩漿噴出地表時形成的圓形或近圓形的地下通路。

　　　　　　　　　　　　　　　每一座山都有自己的故事，
從岩層與石頭，就可以看見這座山的故事。

◀生長在薩里斯貝里峭壁
的金雀花。

瑚礁與豐富的海洋生物,由貝殼組成的石灰岩床開始在海底成形。
與此同時,鄰近的大河也流入這片海洋,在此地散布了大量的沙
子,漸漸形成了厚厚的灰色砂岩層。

　這時海平面又再次下降,陸地上升,曾經是海底的地方現在變成
了奇特的森林,裡面住了各式各樣的生物。許多煤層就是在這段時
間內緩慢成形的,一層疊著一層。百萬年後,這些煤層被開採,數
百萬噸的煤被挖出來用於家庭或工業上。然而,在地底深處仍然留
下了大量的煤,這是當時遍布世界的古老森林的最後遺物。

　然後又發生了數次火山活動,熔岩又開始再次往上冒。這一次,
炙熱的岩漿還沒有噴出地面就冷卻變硬了,在地底深處形成了玄武
岩層(我們現在可以在地表看到部分的玄武岩,這是因為多年後地殼變動而
露出的),而薩里斯貝里峭壁(Salisbury Crags)就是在這個時候成形

的。這座峭壁看來略帶紅色，而不是玄武岩的深色。玄武岩雖然蘊含著鐵，但是多年以來峭壁的表面因為風化，變成了我們現在所見的紅色。這座堅硬的玄武岩山已經被開採，石材被用於建築與道路上。採石工人稱這種石頭為「金雀花」，金雀花是一種喜歡在堅硬玄武岩上生長的荊豆屬植物。每年春天，金雀花的金色花朵都會再次點亮這片火山山丘。

又過了一段時間。陸地上升、海洋下降，地殼開始變動。各大洲的移動造成了劇烈的地殼變動，因此產生了地震。岩石緩慢的被扭曲、摺疊，形成了隆起或是凹槽，也稱為穹丘或盆地。這次的劇變當中，亞瑟王座山再次從海中升起（年輕的薩里斯貝里峭壁也一同升起），各處的岩石都移位、扭曲並混合在一起。許多上層的岩層都風化消失了，也有一部分保存了下來，例如中洛錫安郡（Midlothian）的煤田。亞瑟王座山上較軟的岩石被風化，但堅硬的火山岩留了下來，亞瑟王座山又再一次聳立在大地之上。

後來，在較為「近期」的冰河時代，冰雪覆蓋了大地。深厚的冰層緩慢向西方流動，碾磨著所有岩石，亞瑟王座山與薩里斯貝里峭壁都不能倖免，但是冰河的力量仍然無法打倒它們。最後，冰河時期結束了，這「只是」一萬年前的事，當時的亞瑟王座山與今日已經沒什麼差別。

這就是亞瑟王座山的故事。我們來回顧一下這座山所見過的各種場景：

岩石緩慢的被扭曲、摺疊，
形成了隆起或是凹槽，也稱為穹丘或盆地。

這座山見過了熱帶的高溫，也曾在冰河時期被深埋於冰河之下。這座山曾經是乾燥的陸地，也曾經是海浪下的海床，然後又演變成了陸地。亞瑟王座山目睹過山脈緩慢的成形過程，也見過恐怖又突然的火山爆發。亞瑟王座山見證了我們以上談到的一切景象。

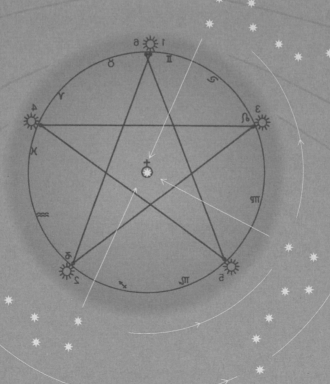

# PART
# 2

# 天文學

ASTRONOMY

## Chapter 15

# 心臟與太陽

## 是誰引領著大地與生命的運作

如果問：「人類最重要的需求是什麼？」我們可能會回答是食物。但是若再仔細想想，我們會發現水更為重要。人比較容易餓，卻不容易渴，但是在沙漠裡迷路的人只要有水可以喝，即使好幾天不吃東西也活得下去；而人類最多只能兩天不喝水。那麼人類能夠多久不呼吸呢？連兩分鐘都辦不到。很幸運的，我們不用工作或花錢來賺取空氣，隨時隨地都可以呼吸。

呼吸的頻率跟速度會隨著我們的活動而改變，如跑步的時候呼吸較快，靜坐的時候較慢。如果計算平常呼吸的速度，吸氣與吐氣合起來算一次呼吸，平均每分鐘我們要呼吸18次。1小時有60分鐘，所以每小時呼吸的次數是18乘以60分鐘等於1080次，再乘以24小時就是25920次，這就是我們每天呼吸的次數。當然，這只是平均數，如果當天有游泳、跑步或爬山，呼吸的次數還會更多。

當我們快跑或爬山時，不只呼吸會變快，心跳也會變快。正是因

為心跳變快，才使得我們的肺需要更多空氣。呼吸速度的快慢取決於我們的心臟，一般每分鐘平均呼吸18次就是依心臟而定的。因為每四次心跳，我們就呼吸一次，如果心臟跳得快，呼吸的頻率也會變快。因此，心跳與呼吸不論日夜都共同保持著彼此固定的節奏。還有另一種節奏也像呼吸，是一種非常緩慢的呼吸。這個節奏的時間更長，但是卻跟空氣同樣重要，這個節奏就是睡眠與清醒。當我們睡眠的時候，感覺就像有什麼東西離開了我們，就好像緩慢的吐氣一樣。當我們清醒的時候，這個東西又回來了，就像是我們在吸氣。睡眠與清醒的節奏也是一種呼吸。

真正的呼吸包含吸氣與吐氣，是由心臟所操控的。當然，我們可以只是為了好玩而調整呼吸快慢，但是如果不干涉的話，心臟就會負責掌控呼吸。心臟這個器官知道身體需要多少次的呼吸，因為血液會流到心臟，而心臟則從血液得知身體需要多少空氣。另外一種「呼吸」是睡眠與清醒，這種呼吸是不受心臟控制的。

睡眠與清醒對現代人來說與古時不同，古時人們天黑就入睡，隨日出而醒來，所以他們的睡眠與清醒是受太陽控制的。就算在今日，即使人們在天黑後可以不睡覺，但是我們仍然覺得日出而作、日落而息比日夜顛倒來得健康；覺得隨著太陽而清醒是比較好的。

所以，短節奏的呼吸是吸氣與吐氣，由心臟控制；長節奏的呼吸，也就是睡眠與清醒，則由太陽控制，所以太陽就像世界的心臟。不過太陽是很慈祥的管理者，它給了現代人許多自由來運用時

短節奏的呼吸是吸氣與吐氣，由心臟控制；
長節奏的呼吸是睡眠與清醒，由太陽控制。

間。還有第三種呼吸。這一次不是人類在呼吸，呼吸的物體非常大，速度也很緩慢。而且，這一種呼吸並不是呼吸空氣，而是全然不同的東西，但是仍保有固定的節奏。

春天時會開始長出綠葉與花朵，愈接近夏天，花就開得愈多；然後秋天來了，田野、花園與樹木開始變得荒蕪，這種現象也算是一種呼吸。春天與夏天就像大地在吐氣，而秋天與冬天就像大地在吸氣。地球是如此龐大，一次呼吸就需要花上一整年的時間。地球這種又長又慢的呼吸是受到太陽控制的，也就是說，季節的節奏是由太陽所控制。

地球的「呼吸」不但比我們的呼吸要來得慢，也與我們的呼吸大不相同。當英國與歐洲處於冬天的時候，北美與俄國也是冬天。但是在地球的另一端，澳洲、南非與南美洲卻是夏天，是暖和的季節。所以當一半的地球在吸氣時，另一半正在吐氣。

實際上的情況還要更複雜一些。如果前往北方的極地——北極。這裡全年結冰，一整年都是冬天。如果來到赤道，來到中美洲或非洲，這裡也沒有季節變化，全年都是夏天。

地球似乎永遠都保持著這種平衡：地球一半是夏天的時候，另一半就會是冬天；如果一邊是春天，另一邊就是秋天；如果在極地整年是冬天，那麼在赤道就是整年夏天。

這一切都是由太陽掌控。正如心臟控制著我們的呼吸一樣，太陽控制了地球冬天與夏天的複雜節奏。

## Chapter 16

# 太陽每天的路徑

## 太陽如何影響地球的呼吸

現在，讓我們來看看地球的呼吸與太陽之間的關聯。極地的氣候是永恆的冬季，赤道則是永恆的夏季，兩者之間的地區則會有季節轉變。想像我們身處在廣大的平原上，地平線形成了一個大圓。太陽的行進路線會跨過這個圓形，將圓形分成兩個半圓，一邊是日出的地方，另一邊則是日落。

下一頁的圓形地平線與太陽行進的半圓圖示，只能正確代表地球的一部分地區，也就是赤道。如果我們生活在赤道，就可以看到太陽以90°角升起，形成一個直角；太陽落下時也是呈直角落下。中午時，太陽會高掛在天上，比蘇格蘭要高多了，高到連最深的井都照得到底部。中午的太陽直直在上，底下照到的東西連影子都沒有了，你的影子將從你的腳底下消失。赤道中午的太陽，位置就在我們的正上方，這個位置稱為「天頂」。

在赤道，日與夜永遠是一樣長的。完全沒有白天較長或較短的情

形；季節也都沒有變化，不會某些月份變冷，某些月份變熱，而是一直都很熱。雖然下雨會讓溫度改變，但是這與太陽的行進路線無關。我們可以說，在赤道沒有一年四季，每天都保持不變。

北極與南極則完全不同。在夏天時，每24小時太陽會在地平線上方繞一個圓，因此沒有晚上。但是太陽繞圓圈的高度並不高，最高大約只有在地平線上方23.5°，只比英國冬天中午的太陽高一點點。

太陽在天空繞的圓圈其實是一個螺旋，在秋天時，太陽繞圈的高

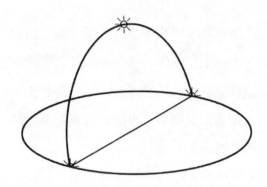

▲太陽在赤道的行進路線。

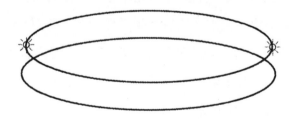

▲太陽在北極的行進路線。

▲太陽在溫帶的行進路線。

度會更低，但高度仍然是24小時都保持在地平線之上。在九月將盡時，太陽會下降至地平線，之後高度愈來愈低，然後在冬天的六個月之中，太陽都會在地平線之下。這幾個月內都是夜晚，只有在地平線邊緣可以看到微弱的光。

　　現在來比較赤道與極地。在赤道，我們可以看著太陽就知道現在的時間，但是不知道是一年當中的哪個季節。赤道只有日夜而沒有四季的分別；在極地，你無法分辨現在的時間，因為太陽總是在同一個高度，但是你可以很輕易的看出現在的季節。在極地沒有日夜之分，而是季節有所不同。

　　在赤道，太陽依直角自地平線升起；在極地，太陽則與地平線平行繞圈；在蘇格蘭，太陽升起時會與地平線呈某種角度。上圖顯示了愛丁堡這塊區域的太陽行進路線。

　　在赤道的中午，太陽會在我們頭頂正上方的天頂；在溫帶地區（例如英國），太陽中午的位置則會在地平線與正上方之間；在極地

赤道只有日夜而沒有四季的分別，
極地沒有日夜之分，而是季節有所不同。

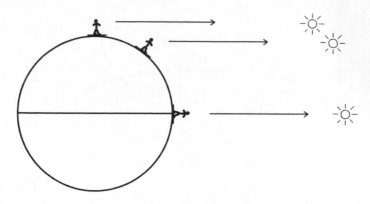

▲從不同緯度看正午太陽的高度。

的太陽則會很靠近地平線。但是其實這與太陽的高低無關，而是我們看太陽的角度不同。上方的地球圖示就可以清楚讓我們了解：**在赤道的人會看到太陽在正上方的天頂，在愛丁堡這一帶的人會看到較低的太陽，在極地的人則會看到低至地平線的太陽。**

中午時看太陽的角度，可以知道自己是身處於極地與赤道兩者間的什麼位置。如果我們離赤道較近，中午的太陽就愈高；如果我們離極地較近，則中午的太陽就愈低。所以現在我們明白，在地球不同的區域，也就是不同的緯度時，中午的太陽會有不同的角度。然而，在大自然環境中，陽光照射的角度有著很大的影響。我們可以用下面這個方法來理解：我們先畫一條短線，然後畫直角照射下來的陽光，每一條陽光都彼此平行，能畫幾條就畫幾條，一邊畫一邊同時數畫了幾條線。然後我們再畫同樣長度的短線，但是這一次畫

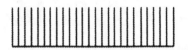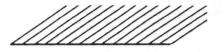

▲斜線照射下來的陽光比直角照射下來的少。

的陽光是平行斜射而下，能畫幾條就畫幾條，並且邊畫邊數線的數目。我們將會發現，斜線照射下來的陽光數量會比直角來得少。

現在我們明白了為什麼角度低的時候，太陽的能量較弱，因為斜角照射比直角照射的光線弱，溫度也較低。這就是為什麼極地會比較冷，而赤道與溫帶會比較熱的理由。英國所處的地方就是溫帶。

人們的服裝、建造的房屋、生活環境裡的動植物等，全都取決於陽光照射的角度。

我們也可以在一天之內，看到陽光照射角度的差異。就算是在炎熱的夏天，清晨與傍晚都會非常涼爽，這就是因為陽光照射的角度較低（或可以說是較斜）。

如果離赤道較近，中午的太陽就愈高；
如果離極地較近，中午的太陽就愈低。

*Chapter* **17**

# 太陽在一年當中的變化

## 上下移動的太陽螺旋路徑

在地球上，不同地區看見的太陽路徑也不同。在赤道，太陽會呈直角升起，一年當中沒有季節的分別；在極地，太陽會與地平線平行繞圈，沒有日夜變化。而在我們生活的地方，有季節變化也有日夜變化，現在就來了解一下這些變化跟太陽的路徑有什麼關聯。

　　在秋末冬初的時候，我們有機會在天還沒亮時就能起床看到日出（如果雲不多的話）。如果連續好幾天都起床看日出，並且用地標做記號（房子、樹木或山丘），幾天之後，我們就會發現日出的地點移動了。如果在傍晚觀察，我們也會發現日落的地點會有所改變。如果每次都把看到的狀況畫下來，會發現在秋天時，日出的地點會往右移，日落則往左移[7]。

---

7　這種移動在低緯度並不明顯，在冬至與夏至時也不明顯，作者利用了愛丁堡的高緯度（56°N）來說明這種現象。

▲日出位置在深秋時往南移動
（從東方看去是往右移）。

▲日落位置在深秋時往南移動
（從西方看去是往左移）。

　　如果你將左手指向日出的地方，右手指向日落的地方，並且連續
幾天都做這個動作，幾天之後，你會發現兩手之間的角度愈來愈
小、愈來愈窄。如果你觀察正午的太陽（這時候，太陽的高度最高），
你會發現太陽每一天都變低了一些。

　　當指向日出與日落的兩隻手臂距離愈來愈近，而中午的太陽愈來
愈低的時候，白天就會變得愈來愈短。由雙手與頭的移動方向可以
看出，這種現象就像在吸氣。

　　因此，照射到我們身上的陽光，它所減少的方式有兩種：白天愈
來愈短以及中午太陽角度愈來愈低。而且，陽光跟溫度都變少了。

　　白天時間縮短以及中午太陽高度降低，這兩種現象會持續到12月

照射到我們身上的陽光，減少的方式有兩種：
白天愈來愈短以及中午太陽角度愈來愈低。

21或22日，這時候是一年當中白天最短的一天。從12月23日起，我們指向日出日落的雙手角度就會愈來愈寬，中午看著太陽的視線也會漸漸上升。白天的時間開始變長，到了3月20或21日時，白天與黑夜的長度將會相同，都是12小時。

從12月23日起，日出與日落的位置將會移動，而且跟之前的方向不一樣，現在日出是往左移，日落則是往右。除了日出日落保持這個行進方向之外，中午太陽的高度也會變高，停留在空中的時間也變長了，直到6月21日，一年當中白日最長的日子為止。指向日出日落的雙手與觀察太陽的頭，在這段時間內的運動方向，就像在吐氣。

自6月21日起，白天又開始變短，中午的太陽也會變低，直到9月22或23日，這時候白天與黑夜又會是同樣的長度。一年當中有白天最長與最短的一天，還有兩天是日夜一樣長的，一天在春天，一天在秋天。這些日子稱為「晝夜平分點」（英文equinoxes原意為相同長度的夜晚），3月21日是春分，9月23日是秋分。而最長與最短的日子當中，這時候太陽會改變方向，這些日子稱為「至日」，6月22日是夏至，而12月22日則是冬至。

我們已經發現中午太陽的高度與白日的長度有關──太陽的高度愈高，陽光就愈強，溫度也愈高。

現在，讓我們再次回顧日出與日落的移動方向。當我們首次在深秋觀察的時候，日出是往右移，日落則是往左。現在回想一下指南

針的基本方位，東方的右邊是南方，西方的左邊也是南方。也就是說，兩邊都是往南移。這聽來也許很古怪，但是在冬天時日出日落的確都是往南移動。冬至時，日出在東南方，日落則在西南方。夏天的時候，日出日落會往北移。在白天最長的夏至時，日出日落會更往北傾，分別在東北方與西北方[8]。只有在晝夜平分點的兩日──春分與秋分──這時候太陽才會在正東方升起，正西方落下。

每天都有日出日落，太陽會升起然後落下。在一年當中，太陽也會起起落落，此外，**太陽的行進路線有半年會往北移（冬至到夏至），另外半年則往南移（夏至到冬至）。**

太陽的兩種行進方式最容易在極地觀察（上下移動與南北移動）。如果我們來到北極，不論往任何方向看去或走去，都會是朝南。北極就是地球上最北端的地方，任何離開北極的步伐都是朝南前進。

在北極，夏天時，你會發現太陽在天上繞圈。秋天時，太陽高度會降低，而太陽是往哪個方向降低呢？是往南方。在極地漫長的冬日黑夜裡，太陽完全不會升起，因為極地的太陽已經往南移至看不到的地方了。

赤道也能觀察到太陽的兩種行進方式，但是卻不像在極地這麼明顯。12月時，日出日落會稍微偏向東南與西南，六月時則偏向北

---

8　在低緯度的至日時，日出日落並不會如文中所述明顯有往北往南的分別。本文所述是符合愛丁堡的緯度。而世界上任何地方的晝夜平分點，日出日落都一樣分別是東方與西方。

只有在晝夜平分點的春分與秋分這兩日，
太陽才會在**正東方升起，正西方落下。**

方。每天白天的長度不變，但是中午時，太陽的高度卻有些微變化。12月時，中午的太陽會在天頂稍微偏南，六月則稍微偏北。在赤道，只有在晝夜平分點時，中午的太陽才會剛好在正上方的天頂位置。

太陽的路徑並不是圓的，從一年的過程來看，路徑是螺旋狀的。太陽並不會回到前一天所在的位置。在北極，我們將發現太陽的路徑會從春分開始螺旋上升直到夏至，然後又螺旋下降直到秋分。我們可以在半年內見到完整的螺旋路徑。

在赤道，整年都可以看到一半的螺旋路徑（每天12小時，太陽都會高於地平線）。而我所居住的愛丁堡，能見到介於兩者間的太陽螺旋路徑 —— 在夏天的半年內，可以看到超過一半的螺旋路徑；在冬季，則看到少於一半的螺旋路徑。

而這種上下移動的太陽螺旋路徑，為我們帶來了生活中的四季。

Chapter *18*

# 為什麼會有日曆？

## 依照季節生活的農人

石器時代初期人類只會打獵，他們不需要小心觀察季節變化，因為不論冬天或夏天都可以打獵。然而，在新石器時代的古老波斯，農業文化誕生了，人們開始種植並採收作物，這時季節的變化就變得非常重要。

農夫是最初需要日曆的人。不同種類的穀物與植物，需要在不同時間播種跟收割，因此農夫需要知道現在是一年當中的什麼時期。但是當時還沒有日曆（連書都沒有），人們必須要找到方法來確保正確的種植時機。

以英國為例，睿智的祭司帶領人們建造由大石塊圍成的巨石陣。這是一個神聖的場所，也是一種大型的日曆。石頭的作用就是標記太陽在一年內的路徑。祭司會仔細觀察巨石的陰影，這些影子在一年當中會有所變化。這些影子就像大時鐘的指針，指針並非指出小時，而是指出月份。祭司藉著觀察陰影，告訴人們何時該播種或收

割羊毛。

　　遠在亞洲的巴比倫，祭司也觀察了太陽的路徑。這時的巴比倫已經是個偉大的文化，有許多雄偉的都市。祭司建造了許多大型天文台，耐心又仔細的觀察太陽、月亮與星星的路徑。

　　觀察天象不單只是為了農業。巴比倫的祭司表示，正如某些植物只能在特定時間生長，偉大的戰士也同樣會出生在一年內特定的時間，也就是春分後的一個月內。如果一個小男孩是在二月出生，就會是一個有學問的祭司。每個月都以此類推，甚至每天都不同。所以每當巴比倫有小孩出生時，祭司就會依照出生的日子，告訴父母孩子的命運。

　　上述種種原因使得巴比倫祭司非常小心且仔細的觀察太陽、月亮與星星。也因此，我們才知道一年有12個月、52週，每一週有7天，而每天是由兩個12小時所組成。這些時間概念都是當年巴比倫祭司所發現的，而巴比倫就位於中東幼發拉底河與底格里斯河之間。

　　為了要知道一年有幾天，巴比倫祭司使用石柱或石塔測量，在一年當中，白日最長的夏至中午測量石柱的影子。這個時候的影子比起一年當中任何一段時間都來得短。然後他們開始計算日子，直到影子又回到同樣的長度為止。他們數出一年有365天，但是第365天的陰影卻仍然稍稍長了一點，也就是說太陽並沒有回到原來的位置。所以他們又等了365天，這一次的影子仍然比一開始的影子

長。然後又過了365天，仍然發生同樣的事情。至此，他們度過了三次365天，卻都沒有在白日最長的一天得到相同的影子長度。第四次的時候，他們終於首次量到了相同的影子長度，但是卻花了366天。造成這現象的原因在於，一年的真正長度並不是365天，而是 $365\frac{1}{4}$ 天，也就是365天又6個小時。這就是為什麼閏年會多出一天，也就是2月29日的原因。

巴比倫的祭司使用影子來測量出一年真正的長度，也就是 $365\frac{1}{4}$ 天。羅馬人也用另一種方法發現了這一點。他們先算出了365天，過了一年又一年，四年之後計算的天數只領先了太陽一天，沒有人注意到有什麼差別。但是120年後，他們計算的日子已經領先太陽一個月了，當他們以為現在是四月的時候，太陽卻在三月的春分點。人們試了很多種方法要改正錯誤，但是卻弄得愈來愈糟，直到凱撒大帝（Julius Caesar, 100BC–44BC）的時代才出現轉機。當時，凱撒大帝遊經埃及，從當地祭司口中得知一年不止有365天，所以凱撒大帝改變了羅馬的曆法，加入了閏年。他發起的曆法就被稱為「凱撒曆」。

然而一年的長度並不是剛好365天又6小時，而是365天5小時48分45秒。凱撒大帝並不知道這件事，但是這個小錯誤讓他的曆法有誤，每一年都會慢太陽11分15秒。這段時間在一年當中並不算什麼，但在1600年後，這個小誤差就變成了十天。人們慢了太陽十天，也可以說是太陽比日曆快了十天。如果繼續下去，我們就會在

不同穀物與植物，需要在不同時間播種跟收割，
因此農夫是最初需要日曆的人。

▲教皇格里十三世創建了「格里歷」。

冬至後的一個月才慶祝聖誕節，而不是冬至後的兩天了。

於是，在1582年，當時的教皇格里十三世（Gregory XIII, 1502–1585）又改變了一次日曆。首先，為了將日期回歸正常，他刪去了十天。10月4日星期四的隔天並不是5日，而被改成了10月15日星期五。很多人都不喜歡這個改變，英國當時還發生了許多暴動，因為人民認為政府奪走了他們生命當中的十天。不過，由於英國另創英國國教，這項改變晚了70年才執行。

從日曆上刪除十天只能改正過去的錯誤。為了在未來能彌補每一年多出的11分15秒，這個曆法（稱為「格里曆」）也做了調整，至今仍被人們所採用：

（1）每四年為一閏年（任何可以被四整除的年份都是閏年，例如1868、1992、2016）。

（2）每一千年卻不是閏年，除非能夠被四百整除（所以1700、1800與1900都不是閏年，1600與2000則是閏年）。

計算一年有幾天看起來似乎很簡單，但是我們現在知道這是件很複雜的事。就算現在使用的格里曆已經如此複雜，卻仍然不是正確的。現在每一年會多11秒，需要花上四千年才會讓這個誤差變成一天，所以我們並不需要擔心。

　　問題的根源在於，一年的時間並不能整除，一定會留下餘數。如果算到小數點就會變成無限小數。一年的長度在數學上稱為「無理數」，這也表示太陽的路徑無法使用簡單的數字來表示。

一年的長度並不是剛好365天，
而是365天5小時48分45秒。

Chapter 19

# 日晷與時間

## 影子如何告訴我們時間的祕密

我們知道巴比倫的智者會觀察石柱的影子，英國的智者則觀察巨石陣的巨石影子，他們從影子看出何時該種植穀物或割羊毛，並且告訴人們。

太陽照射出的影子非常有趣：在極地，太陽整天都保持同樣的高度，並在天上繞圈，若在雪地上插一根桿子，影子會如何呢？影子的長度一整天都相同，不會變長或變短，因為太陽都在同樣的高度。桿子的影子還會繞桿子一圈（更精確的來說，影子會以螺旋的方式繞圈，根據太陽的起落微微變長或短）。我們知道太陽在天空的高度愈高，影子就愈短。而在極地，因為太陽的高度不高，所以影子會很長。

我們不難想像在赤道的桿子，影子會如何呈現。在晝夜平分點時，太陽從正東方升起，經過天頂（正上方），然後在正西方落下。日出與日落時，影子會變得非常長，當太陽在正午來到天頂時，卻

完全沒有影子。當太陽在正東方升起時，影子會指向正西方；日落時，影子則會指向正東方。從正東方到正西方是一條直線，所以在一天之內，桿子的影子將不會繞著桿子轉圈，而會保持在一條直線上，一開始先指向西方，然後愈來愈短，直到在桿子上消失，然後開始指向東方，並且變得愈來愈長，但卻從頭到尾都保持在一條直線上。

所以極地與赤道，就連影子都完全相反。在極地的白天，影子保持相同的長度，繞著桿子轉圈；赤道的影子卻會改變長度，由長到消失，然後再變長，並都在直線上移動。

對於居住在溫帶地區的人來說，影子不會直線移動，也不會繞圈。影子的長度會改變，早晨跟傍晚最長，中午最短。然而，如果不是呈圓形或直線移動，那麼影子的路徑會是什麼樣子呢？

我們可以透過實驗來找到答案。拿一張紙固定在板子上，在紙上垂直釘一根針或者釘子，接著把板子放到窗台或是屋外的平坦處。我們要確保板子是平的，且大部分時間都能照到太陽。接下來每半個小時都在影子末端做記號，記錄的次數愈多愈好。

如果一切都準備妥當，天氣也不錯的話，我們就可以記下一整組的記號。當我們將這些記號連在一起，會發現記號形成了曲線。如果在冬天做這項實驗，當太陽從東南方升起時，就會有長長的影子指向西北方；中午時太陽在南方，這時候就會有短短的影子指向北方；日落的時候（西南方），就會有長長的影子指向東北方。

極地與赤道，就連影子都完全相反，
極地影子的長度不變，赤道的影子會改變長短。

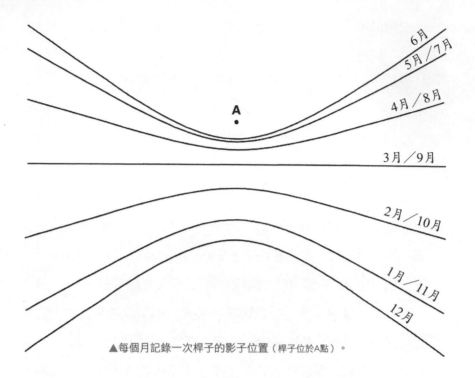

6月

5月／7月

4月／8月

3月／9月

2月／10月

1月／11月

12月

A

▲每個月記錄一次桿子的影子位置（桿子位於A點）。

　　如果一年來，每個月都做這項實驗，我們將得到一整組曲線圖，就像上圖。這些曲線當中會有一條直線，這是晝夜平分點時太陽的影子，由正東方升起，正西方落下。但是因為我們不是處於赤道，所以最上端的影子曲線並不會在桿子的正下方消失，仍然有一些影子，就在桿子的北方。

　　在北極插一根直立的桿子就可以做出完美的日晷。在桿子周圍畫圓並標明24小時的位置，影子就可以告訴我們現在的時間。但是如果在我們居住的地方，需要先將這裡的桿子與北極的桿子平行，以

▲美國明尼蘇達州的日晷。

愛丁堡為例，就是地平線上56°（愛丁堡的緯度），日晷的桿子稱為
「指時針」，指時針永遠都保持著特定的角度。如果測量指時針的
角度，你會發現指時針角度永遠跟日晷所在地的緯度相同。

　影子最短的時候就是中午，但是我們的手錶不會剛好顯示12點
整，因為我們的鐘錶並不是按照太陽的真實時間來計時的。在一年
當中，有時候太陽行進得較快，有時候較慢，而我們的手錶卻永遠
保持固定的速度，而手錶的中午跟太陽的中午差距最多可達15分
鐘。

影子最短的時候就是中午，
但我們鐘錶不是按照太陽的真實時間來計時。

還有一種方法會造成更大的誤差。我們愈往西方走，太陽升起跟落下的時間就愈晚，太陽來到最高處的時間也愈晚。以倫敦的緯度為例（51.5°），我們每往西走17公里，太陽就會晚升起一分鐘。所以實際上，布里斯托（位於倫敦西南方）當地時間會比倫敦慢十分鐘。在鐵路普及之前，各村鎮都有自己的當地時間，日常生活也很順利。但是當鐵路普及之後，火車要按照時刻表發車，因此全國有了統一的時間。在英國，我們依照格林威治時間，由倫敦格林威治天文台所制定。

　　我們繼續往西走，紐約的中午會比倫敦的中午晚五小時。當英國已經是中午的時候，紐約才早上七點。往東走的話，台灣和北京比倫敦快八小時。雖然每個國家都可以自訂時間，但是大多數的國家與格林威治的時間差距都以小時為單位。以德國跟英國為例，時間差距就是一小時。澳洲的雪梨與英國則差了十小時。有些國家的領土遼闊，東西相隔甚遠，國內就有數個時區。例如美國（包含夏威夷跟阿拉斯加）有六個時區，每個時區差一小時；俄羅斯則有十個時區[9]！

---

9　　編注：自2014年起，俄羅斯改採11個時區，是世界上橫跨時區最多的國家。

*Chapter* 20

# 北極星與星星的運行

指引水手航行的方向

我們學過了太陽與時間的關係:一天的時間取決於日出日落,一年的時間取決於太陽路徑的轉變。我們也學過最古早的鐘錶——日晷。日晷可以告訴我們當日的時間,而巨石陣的石頭則可以看出一年當中的時辰。現在讓我們來學習空間的方向,這也與太陽息息相關。假設我們在度假,來到了陌生的城鎮,需要花一點時間才能熟悉當地的街道。然而當蜜蜂離開蜂巢去採蜜時,牠們沒有街道,也看不遠,可是蜜蜂往往能飛到很遠的地方採集到花蜜,而且總是能找到回家的路。牠們甚至還可以告訴其他蜜蜂,哪裡有豐富的花蜜可採。

研究蜜蜂的科學家發現,蜜蜂能找到路,是因為牠們不論何時都能夠知道飛行路線上陽光照射的角度。奇怪的是,太陽在天上移動時完全不會影響到蜜蜂,就連天色陰暗也沒關係。蜜蜂並不需要倚靠路標來認路(我們就得這麼做),牠們是受到陽光位置的導引,完

全不受太陽移動的影響。

科學家現在還相信，除了蜜蜂，就連在冬天南飛的鳥兒也會利用太陽來引導牠們飛往正確的方向，例如一路飛往非洲的燕子。

蜜蜂跟鳥兒天生就擁有這種智慧，也稱為本能。在太陽的幫助下，牠們能自行辨識方向。但是人類沒有這種本能，所以我們需要路標，例如街名、道路、鄉間小徑，沒有道路的時候則會看山丘、樹木與河流。

然而海洋上沒有路標。當人們首次駕船出海時，他們需要看向天空，讓太陽指引方向。

在古希臘與羅馬時代，當有船隻要從義大利航向腓尼基時（今日的亞洲黎巴嫩沿海一帶），他們就往太陽升起的方向航行。這就是為什麼亞洲地區也被稱為「Orient」，這個字也有「升起」的意思，因為Orient就是在太陽升起的遠東地區。英文還有一個動詞「Orientate」，意思就是「找到自己的位置」，「I have to orientate myself」意思就是「我要確定自己是不是在正確的方向上」。「to orientate myself」這個片語就是源自於當年依太陽航行的水手。

當船要航行回歐洲的義大利時，船是往太陽西下的方向航行。前往歐洲的方向稱為「Occident」，意即「落下」的意思，因為歐洲是位於太陽西下的地方。就算是在現代，在地理學上我們仍然使用「近東」或「遠東」的稱呼，而歐美的文化就被稱為「西方文化」。所以在地理學中，我們仍然用太陽來定位。

大部分的地圖裡，北方在上而南方在下，東方在右而西方在左。這四個方向（又稱為基本方位）來自於太陽在天上的路徑。而這些規定都要回歸到最初的水手，他們沒有路標，只能靠太陽來指引路徑。想像一下，你就會覺得這是一件奇妙的事。古老的水手需要觀察太陽，才可以在地球上找到正確的方向。

但是古老的水手航行時都不會離岸邊太遠。他們的旅程只是從一個島到另一個島。地中海上有許許多多的小島，因此不論往哪個方向都很容易。只有當風暴將船吹離了航線，船長才會失去方向，這時候只能仰賴運氣趕快發現陸地或地標。古老的水手都不會前往未知的海域探險。如果一艘船要長程航行，例如從直布羅陀到君士坦丁堡，這時候水手會貼著非洲海岸航行。如果他們要從直布羅陀到英國，他們就不會遠離葡萄牙或法國的海岸。因為靠近海岸航行是唯一能知道自己位置的方法。若在風暴較頻繁的冬天，船隻就不出航了。

第一批敢前往未知海域冒險的歐洲水手是維京人，他們航向冰島、格陵蘭與文蘭[10]（利用烏鴉找出最近陸地的方向）。他們完全沒有使用地圖或指南針，也不知道自己在海上的正確位置，他們只能說：「往西北划兩天。」或是：「往東划三天。」完全沒有時鐘或手錶可以得知精準的時間。

---

10 　現今加拿大東岸的紐芬蘭北部。

海洋上沒有路標，
水手們必須看向天空，讓太陽指引方向。

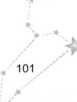

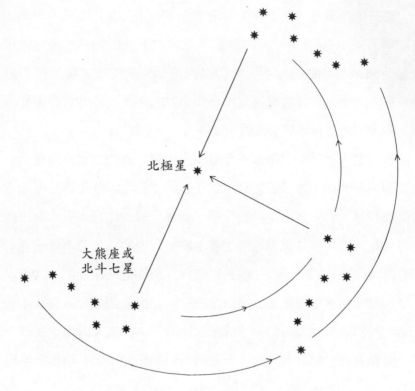

北極星

大熊座或
北斗七星

▲北斗七星圍繞著北極星轉動，而且北斗七星的前兩顆星一定指向北方。

然而，古希臘人、羅馬人與維京人都需要在夜間航行，因為黑夜來臨時不可能每次都有小島或港口可以靠岸。當他們看著天上無數顆星星時，他們發現所有星星都會移動。星空就像太陽一樣，從東邊移往西邊。所有星星都繞著圓圈移動，且移動路徑都有著相同的中心點，所以星星是呈同心圓方式移動。在所有星星的圓形路徑中

心，有一顆星是永遠不動的，人們稱這顆星為「北極星」。

只要找到成群閃耀的大熊座或北斗七星，就可以輕易找到北極星。將北斗七星的前兩顆星連成一線，跟著這條線就可以找到北極星。如果你肯花時間觀察，你將會發現北斗七星是繞著北極星旋轉，而前兩顆星永遠會指向北極星。

北極星不但不會移動，還永遠位在北方。如果你往北極星的方向看，你就是朝著北方看。我們現在知道為什麼北極星對水手來說這麼重要了。只要在晴朗的夜晚，他們就可以找到北極星，而北極星可以顯示出北方的正確位置。不管他們是往東方、南方還是西北方航行，只要依照這個方法，都可以找到自己的方位：朝向位在北方的北極星，右邊直角的方位就會是東方，以此類推。

古老的水手在白天可以用太陽定位，正午時太陽會在南方；晚上時則有永遠在北方的北極星指引著他們。

在所有星星的圓形路徑中心，有一顆星是永遠不動的，
人們稱這顆星為「北極星」。

## Chapter 21

# 大地的曲線

## 太陽與星星，如何透露出地球的形狀

古老的水手無法在廣闊的海洋上找到方向，海洋上沒有任何路標可看，所以為了認路，必須觀察天象來確定自己的位置。白天時有太陽引導他們，晚上則有北極星。然而，古老的希臘水手發現了兩件令人困惑的事。

第一件事是當水手航向多山的小島時，會先看到山頂從地平線冒出來。當他們更靠近時，會看到更多山，直到非常靠近時才會看到小島岸邊。

這就像我們在爬山時，山另一邊的村莊有著高聳的教堂高塔。一開始，我們只能從山丘上看到塔頂，接著可以看到塔更多的部分，到達山頂之後，才能看到村莊的全貌。當古老的水手看著眼前廣闊平坦的海洋時，心裡不禁會好奇，為什麼當他們接近小島時，這片平坦寧靜的海上景象，卻會跟在山上時一樣。他們當然知道自己並不是在爬山！

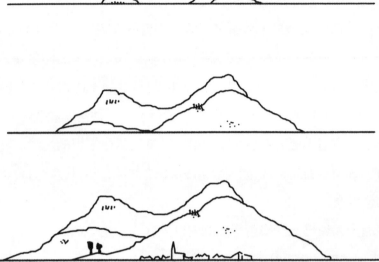

▲水手航向多山的小島時，會先看到山頂，接著會
看到更多山，非常靠近時才能看到小島岸邊。

▲當我們在山腳時，只能看見另一邊聳立的教堂高塔。

航向多山的小島時，
會先看到山頂，接著是更多山，最後才是岸邊。

另一件令人困惑的事就是北極星。在地中海航海盛行的區域，這裡的北極星並不會離地平線很遠。如果你將一隻手臂平行伸直，另一隻手臂指向北極星，你會發現兩隻手臂的角度不會大於35°角。但是當地中海的水手往北航行時，例如往英國航行，北極星在天空的位置就會變高，從地平線向上約50°角多一點。他們知道北極星不會移動，但是愈往北，北極星的位置就愈高，往南就愈低。

這兩件事情困擾著希臘水手：第一件事是當從平坦的水面接近島嶼時，景象卻看起來像是在爬山；第二件事是北極星在北方會比南方的位置高。

亞歷山大城是充滿學習與知識的偉大城市，由亞歷山大大帝（Alexander the Great, 356BC–323BC）在埃及所建立。在這裡，一群有學問的智者解開了水手的疑惑，他們說：「地球是圓的，是一個球體。」

如果地球是圓的，那麼從船上看出去時，就會先看到山頂，就像在爬山一樣。如果地球是圓的，在北極天頂的北極星就會因為往南

▲因為地球是圓的，從船上看出去時會先看見山頂。

而顯得愈來愈低。如果你來到了赤道，北極星將會出現在地平線上。而在南半球，例如澳洲，你將會完全無法看到北極星。南半球的星星也會在天上繞圈，但是圓圈的中心卻沒有肉眼可見的星星。

經由水手觀察到的這兩種現象，亞歷山大城的希臘智者因此得知地球不是平的，而是一個圓形球體。

那為什麼我們平常感覺不到地球是圓的呢？因為圓圈愈大，弧線就愈小，也就愈顯得平坦。地球的半徑將近4000英里[11]，因此地球的弧度很小，我們很難察覺。

現在來比較太陽與北極星。在北極時，北極星將來到最高點的天頂，就在我們正上方。然而太陽卻出現在低處，而且在冬天會消失於地平線之下。在赤道，太陽在中午時會來到最高處的天頂，而北極星卻出現在地平線處。你將無法在地平線看到北極星，因為地平線端的空氣不夠清晰。北極星在北極達到最高點，在赤道卻是最低點；太陽在赤道是最高點，在北極卻是最低點。北極星在天上的位置不變，而太陽則在天上繞圓形移動。

亞歷山大城的希臘智者並沒有到非常北或非常南的地方，他們只是思考水手的觀察結果，就發現了地球是圓的。透過觀察天空，觀察太陽或星星，他們發現了關於地球的重要事情——太陽跟星星，特別是北極星，透露出了地球的形狀。

---

11　編注：地球的半徑約為6371公里。

愈往北，北極星的位置就愈高；
往南，北極星的位置就愈低。

## Chapter 22

# 什麼是經度與緯度？

## 看見你在地球上的位置

亞歷山大城的希臘智者得出了結論——地球不是平的，是圓的。當羅馬帝國被野蠻人推翻時，地球是圓形的知識，也隨著其他知識一同流失而被遺忘了。歐洲人花了一千年才重新得知當年古希臘人早就知道的知識，知道地球是圓的。

如果我們拿一顆球，並用光從旁邊照過去，我可以看到陰影的邊緣，一半是黑的，另一半則是亮的，陰影的邊緣線（這條線並不是很清楚）分開了光明與黑暗。如果這顆球是地球，陰影邊緣線將會橫跨北極與南極，一邊是夜晚，另一邊則是白天。而位於這條線上的人就會說：「黎明要來了，太陽要出來了。」

陰影邊緣線從北極延伸到南極，在這條線上的所有人，例如挪威與南非，都同樣處於黎明的時間內。接下來的一整天，在這條線上的人都會處於同樣的時間，不論是白天還是黑夜。

在中午的時候，位於同一條陰影邊緣線上的人，都將看到太陽來

到最高點。西邊的人們看到的太陽位置較低並在往上升，東邊的人們看到的太陽位置較低且在往下降。但是在這條線上的所有人都處於同樣的時間。

但是這裡有一個不同之處。我們知道北方太陽在冬天的位置不高，就算是中午的太陽也一樣。但是住在同一條線上的人，例如在非洲，他們中午看到的太陽就會高高在上。所以在這條陰影邊緣線上的人們雖然有著同樣的時間，但是中午看到的太陽卻有著不同的高度。

每一張地圖上都可以找到這種陰影邊緣線，這種線從北極延伸到南極，稱為「經線」（子午線），線上的人都在同一個時間內過中午。地圖上的所有經線都有編號。雖然在球體上，你要從哪一條經線開始數都可以，但是一般的共識裡，世上所有的地圖都由穿越格林威治的經線開始算起，編號是零（不是一）。經線的編號和圓形（或圓規）的度數一樣，由格林威治往東，從0°數到180°，往西也是從0°數到180°，而當地經線的度數就是經度。愛丁堡的經度是格林威治往西3°12'（三度十二分），簡稱為3°12'W（西經三度十二分）。美國紐約74°W（西經七十四度），日本東京是139°40'E（東經一百三十九度四十分）。

但是如果要確切知道一個地方的地點，只知道從格林威治往東或往西幾度是不夠的，還需要知道往北或往南的距離。

每一條經線都會穿過極地，就像橘子的切片，經線與極地息息相

從北極延伸到南極的弧線是「經線」，
與赤道平行的圓形則是「緯線」。

關。因此，另一種線一定與赤道有關。這些線都與赤道線平行，被稱為「平行圈」。赤道是平行圈的起點，為0°，其他的平行圈分別是往北與往南90°。這些平行圈能夠告訴我們當地的「緯度」（也就是赤道與極地之間的位置）。

住在相同平行圈，也就是相同緯度上的人們，太陽看起來又是如何呢？

他們不會有相同的時間，他們的中午分別在不同的時段。但是到了中午的時候，同樣緯度上的人所看到的太陽高度都會是一樣的。

現在，我們可以使用經度跟緯度精準標示出地球上的任何一個地點。這對海上的船隻特別有用，因為海上沒有任何路標可以告訴他們現在的位置。以下是幾個經緯度的例子：

- 美國紐奧良是30°N, 90°W（北緯三十度，西經九十度）。
- 澳洲雪梨是33°52'S, 151°12'E（南緯三十三度五十二分，東經一百五十一度十二分）。
- 台北市是25°03'N, 121°30'E（北緯二十五度三分，東經一百二十一度三十分）。

總而言之，在經線，也就是在格林威治東西向的經度上時，位在同一條線上的人有著同樣的時間，但是中午太陽的高度卻不同。在平行圈，也就是赤道南北向的緯度上時，時間雖然不同，但是中午時的太陽卻是同樣的高度。

Chapter *23*

# 宇宙中的圓

## 完美的形狀

我們學過了太陽在天空的路徑。雖然我們只能看到太陽的部分路徑，但是我們知道它是圓形的。我們也看過了星星，天上的星星也都以圓形路徑移動，以北極星為中心繞圓。

觀察日出日落之後，我們知道太陽本身也是一個圓形。滿月也是圓形，就連星星也是非常小的圓形。也就是說，太陽、月亮本身是圓形，它們的路徑也是圓形。彩虹也是巨大圓形的一部分，看起來就像太陽想用雨水和雲朵畫出一幅自畫像。

古希臘人將偉大的太陽、月亮與星星稱為「Cosmos」，意思是「美麗的泉源」。今日，在英文中仍然使用同樣的字來形容宇宙。Cosmos 有著「裝飾品」與「美麗」的意思。在宇宙中可以看到如太陽、月亮與星星這類光體，它們的形狀與行進路線都符合古希臘人所稱的完美形狀——圓形。

圓形的太陽也會影響地球。如果觀察開花的花朵，將會發現許多

花瓣都是呈圓形排列。在陽光的照射之下，花朵將結為果實。現在讓我們來想想有多少種果實是圓形的球體：櫻桃、橘子、椰子、豌豆與罌粟種子都是。

如果切開大部分植物的莖，也會看到小小的圓形。當我們切開樹幹，雖然年輪不是完美的圓形，但是至少可以看出年輪努力想要成為同心圓。

如果觀察一隻很優閒的貓，你會發現貓把自己捲成一團小球。貓會試著讓自己變成圓形或球狀物。蛇也一樣，將自己一圈一圈緊密盤起來。當鳥兒睡覺的時候，通常會將頭縮起來，變成一顆長滿羽毛的小球。

我們的肩膀上聳立著自豪的頭腦。頭的方向朝上，朝著充滿星星與太陽的宇宙。我們的頭部也是圓形，而在頭骨保護之下的大腦也是一種球體。

所有生物都有著圓形的形狀，或想要變成一個球形、球體。但是若以水晶為例，水晶不是活的，形狀也不是圓的。水晶有筆直的邊緣與尖銳的角。水晶是死的，而且這個世上沒有圓形的天然水晶。

例如喜馬拉雅山的山頂，這些偉大的岩石很明顯不是活的。這些岩石有銳利的邊緣跟尖尖的頂端，要承受上千年的風雨才會慢慢磨成圓形。

沒有生命的物品多是由直線及尖銳的邊緣所組成，而有生命的物體則多有著圓形的形狀，例如形成球體或圓圈。圓形這種形狀可以

跟宇宙中的太陽、月亮與星星互相呼應。我們因此得知生命是來自於宇宙。透過太陽、月亮與星星的光芒，生命從宇宙不斷流入。

我們可以認得一個人的筆跡，而圓形、圓圈或球體就是宇宙的筆跡。如果我們看到一個死去的圓形貝殼，可以從圓形的形狀得知，這個貝殼曾經是有生命的，貝殼的生命源自於宇宙。

我們現在可以理解為什麼古希臘人會說，圓形是完美的形狀，因為圓形就是生命的形狀。

所有生物都有著圓形的形狀，
或想要變成一個球形、球體。

## Chapter 24

# 天狼星與天上的眾星

## 讓我們的靈魂前往天上的星星

太陽就像是號角，呼喚著我們工作、使我們活躍。星星像在唱歌劇，邀請我們安靜聆聽。太陽指引我們工作，人們時常會覺得自己某種方面來說，與太陽有共同之處。然而，星星也有一些特質會讓我們感到親切。

比起古老的時代，現在這個太空探險的時代，人與星星的關聯變得更淡薄。如果你跟古時的巴比倫人或埃及人說，我們可以派太空船前往火星或金星，他一定會這樣回答：「這麼做一點用也沒有，因為你只需要耐心觀察行星的動向、注意行星變亮或是變暗，星星就會告訴你所有你應該知道的事。讓人的靈魂前往這些星星，比起送人前往來得有意義多了。人的身體不適合在太空旅行，還需要穿著奇怪的盔甲才能活下去。」

當然，我們已經無法回到巴比倫的年代了，但是我們觀察到的星星運行方式仍然神祕又奇妙，我們應該優先考慮觀察的方式。

如果在晴朗的夜晚仰望天空，星星看起來都一樣，只是有些星星比較亮而已。但是如果耐心連續數晚都觀察星象，說不定會發現有些星星改變了相對的位置。不停留在固定位置的星星，實際上不是星星，而是一顆行星。真正的星星都是固定的恆星，而會依照相對位置移動的星星可稱為行星。

行星跟恆星有所不同。恆星會自己發出光芒，而行星本身不能發光，只能反射照到它們身上的陽光。

我們先來看看恆星，這些星星一共有數百萬顆，而地球能觀察到的行星只有八～九顆[12]。肉眼可見的恆星則有六千～七千顆。使用望遠鏡時，功能愈強，能看到的星星就愈多。

在古老的時代，距離較近的星星會被分成同一組，並且用源自於神話故事的名字來稱呼這些星星。現代天文學保留了這些古老的名字（也加入了一些新的名字），所以當你看著星座圖時，會發現有一群星星叫做「英仙座」，還有另外一群叫做「仙女座」。這些名字都是來自於希臘神話，這些成群的恆星被稱為「星座」。

冬天，南方的天空有一個非常容易辨識的星座，叫做「獵戶座」。獵戶座的辨識方法就是找到連成一直線的三顆星星，這三顆星形成了獵戶的腰帶。獵戶座是一位偉大的獵人，在這個星座的下

---

12 「冥王星」在1930年被發現，在2006年被重新歸類為矮行星。目前已知的矮行星共有五顆。

恆星會自己發出光芒，
行星不會發光，只能反射照到它們身上的光芒。

▲德國天文學家白塞耳。

▲美國人克拉克發明了強
大的天文望遠鏡。

方有另外兩個星座,是獵戶的兩隻狗——小犬座與大犬座。大犬座
裡最亮的一顆星,同時也是天上最亮的恆星,這顆星星稱為「天狼
星」。

　　明亮的天狼星一直是天文學家感興趣的對象。19世紀時,德國天
文學家白塞耳(Friedrich Bessel, 1784–1846)專門研究天狼星。我們說
過恆星不會移動位置。但其實恆星會移動一點點,這種移動只能用
巨大的天文望遠鏡才看得出來。當白塞耳發現天狼星會些微移動時
並沒有很驚訝,但是他觀察到的現象跟他想像的不同。天狼星並非
呈直線移動,而是沿著弧形移動。白塞耳很好奇為什麼會這樣。

有一天他突然想到，或許是有另一顆星很靠近天狼星，才影響了天狼星的方向。白塞耳使用了功能強大的天文望遠鏡來觀察天狼星，看到了許多肉眼看不到的星星，但是卻找不到任何近到足以影響天狼星的星星。約20年後，在1862年，一位名為克拉克（Alvon Clark, 1804–1887）的美國人造出了前所未有的強大天文望遠鏡。他的兒子當時才14歲，他教導兒子如何使用這台望遠鏡時，這位小男孩將巨大的望遠鏡轉向天狼星，然後突然大叫了出來：「爸爸，快看，天狼星有一個小夥伴了。」

　　透過這台天文望遠鏡，他們看到了白塞耳找不到的星星。但是白塞耳只是思考，就推論出天狼星有這樣一個夥伴。人的心思、靈魂，確實可以傳達至天上的星星。

「天狼星」是天上最亮的恆星，
也是大犬座最亮的一顆星。

## Chapter 25

# 轉動的天空

## 星星與太陽每日的路徑

天上有許多星座,目前已知共有88個星座覆蓋著天空,其中有一些星座比其他星座來得重要。我們曾提過有一個星座在古時候非常重要,稱為大熊座或北斗七星。北方的天空很容易就可以發現北斗七星的蹤影,透過北斗七星就可以找到北極星。北極星是天空中唯一不會移動的星星。其他星星都會繞著北極星呈同心圓旋轉,換句話來說,整片星空都是繞著北極星轉動。如果仔細觀察夜空數個小時,就可以觀察到這個現象——北斗七星會繞著北極星轉,永遠都指向北極星。

北極星之外的其他星座在天空散布成一個大圓形,這個圓形非常大,只有一部分出現在地平線之上,其他的部分在地平線下看不到的地方。北斗七星在一天之內會繞著北極星轉一圈,而且在北緯地區永遠不會落於地平線之下。

古時候,人們沒有時鐘與手錶,他們使用沙漏,但也只有少部分

人才能擁有。在白天,人們可以用太陽的位置來估算時間,要更準確一點的話,就會使用日晷。在夜晚,人們就觀察北斗七星的位置。北斗七星繞北極星一圈大約會花24小時,所以只要透過一些練習,人們就可以猜測出大概的時間。當然,這種做法得到的時間並不是很準確,但是人們也不需要分秒般的精準。

　　然而,巴比倫與古希臘天文學家想要得到非常準確的時間。他們發現了一種觀測的方法,而我們可以利用手錶來操作。北斗七星會在24小時之內繞回到原來的位置。繞圈的時間在一天內的誤差只有幾分鐘,但是過了一個多星期之後,誤差就會很明顯了。我們的手錶跟時鐘就像古時的沙漏與日晷,是依照太陽來制定時間的。我們由一個日出到另一個日出,將時間分為24部分,每一部分為一小時。太陽要花24小時才會回到原位,但是恆星回到原位的時間較短,只需23小時56分鐘。

　　我們可以在晚上看到星空在轉動,但是這個轉動並不會在白天停止,也不受太陽日出日落影響。其實太陽也是這個轉動的一部分,可是有一點不同,當星星繞了一圈時,太陽卻稍稍慢了一些,要大約四分鐘之後才會回到原來的位置。當然,我們是依照太陽來制定時間,而不是星星。

　　太陽跟星星之間的運轉時差也就意味著太陽會改變與恆星之間的相對位置。天上隨時都有星星,即使是白天也一樣,但是白天我們看不到星星,因為陽光太亮了。每天清晨,我們都可以觀察到星星

一年內,太陽會經過十二個星座,
這就是為什麼一年有12個月。

變得愈來愈淡，雖然我們看不到這些星星，但它們仍然在天上。

看不到這些在白天出現的星星或許會讓你覺得很可惜，不過我們只要等六個月，就可以再次見到這些星星了。

有些星座在冬天時會出現在夜空中，夏天時卻會出現在白天，所以我們無法看見，古時候的人們就是因此而發現太陽會改變與星星的相對位置。

想像一下，假如可以同時看見太陽與星星，太陽在前而星星在後。這時候將會有某個星座位於太陽的後方，而且因為每天運轉的時差有四分鐘，太陽就會慢慢橫跨過這個星座。大約30天後，太陽就會來到下一個星座的面前。不論太陽在何處，太陽後方的星座與隔壁的星座都會被陽光所遮蔽，而人們則可以看見在夜空的其他星座。這些太陽行經的星座會形成一個圓圈，當太陽經過最後一個星座時，又會回到第一個星座，就好像手錶的指針永遠都會回到12點一樣。手錶上有12個小時，而太陽也同樣會經過十二個星座；手錶的指針繞一圈要花12小時，而太陽經過十二個星座要花12個月，也就是一整年。

一年內，太陽會經過十二個星座，這就是為什麼一年有12個月。以前，每個月都與太陽行經的星座相對應，但是後來人們因為需要而修改了日曆，卻沒有考量到太陽的位置，所以現在的月份並沒有對應星座。但是，一年有12個月，就是因為太陽在一年當中會經過十二個星座。

## Chapter 26

# 黃道十二宮與
# 晝夜平分點的歲差
## 圍繞在天上的動物

———

年當中太陽會經過的十二星座，稱為「黃道十二宮」（Zodi-ac）。這個字源自於希臘文，意思是「圍成圈的動物」。當然，十二個星座並非都以動物為名，下面這首詩可以幫助你記住這些星座。

> 白羊、金牛還有天上的雙子，
>
> 旁邊站著巨蟹跟獅子，
>
> 處女、天平還有蠍子，
>
> 以及射手、山羊與裝水的瓶子，
>
> 最後是兩條尾巴發亮的魚。

我們通常習慣用拉丁文名字來稱呼這些星座，每一個星座都有代表的符號：白羊♈、金牛♉、雙子♊、巨蟹♋、獅子♌、處女

、天平♎、天蠍♏、射手♐、魔羯♑、水瓶♒、雙魚♓。

　　這些圍成圈的動物，也稱為黃道十二宮，它們並不是只圍成一個圓圈，而是一條黃道帶。黃道帶在天文學上非常重要，因為不但太陽會經過黃道帶，其他行星也會經過黃道帶。天上有許多星座，但是太陽、月亮與行星卻只會在十二星座形成的窄小黃道帶上運行。除了太陽、月亮與行星之外，還有某樣東西也會在黃道帶上運行，但是我們無法親眼看見，因為那只是一個運算出來的定點。這個定點移動得非常緩慢，需要花上數百年才能察覺它的移動。然而，這個定點的移動對全人類卻非常重要。它到底有什麼特別之處呢？

　　一年當中，有兩天日夜會一樣長，這時候白天跟黑夜都是12小時，一天在春天，另一天則在秋天。這些日子被稱為「晝夜平分

▶6世紀時的黃道十二宮圖。

© Wikimedia Commons

點」（這個字源自於拉丁文 Equinox，equi 意思是「相同」，nox 代表「夜晚」）。而赤道的英文 equator 也有同樣的意思，因為在赤道圈上，日夜永遠是一樣長的。

在古時候，大部分的人都是在田裡工作的農夫，所以春分被視為是一年當中非常特別的日子。從這一天起，白日的時間會比黑夜要長，陽光會愈來愈強、愈來愈熱，而農夫種下的種子也會開始發芽。這一天是春天的開始，在埃及，人們會領著一頭稱為亞皮斯聖牛的神聖白色公牛，讓公牛走在街上慶祝這個日子。為什麼要用公牛呢？因為古埃及的春分在 3 月 20 日，太陽這時候位於金牛座的位置，是屬於公牛的星座。

兩千年後，在古希臘與羅馬時代，大家不再慶祝 3 月 20 日的春分了。如果要慶祝，也不會帶著一頭公牛走上街道，而是一隻公羊。因為當時的太陽在 3 月 20 日是照在白羊座上，也就是代表公羊的星座。如果我們至今仍然保有這項習俗，我們將會帶著兩條魚上街，因為現在太陽在 3 月 20 日是照在雙魚座上。

太陽在春分時的位置稱為春分點，自古埃及以來已經穿過了三個星座：金牛座、白羊座跟雙魚座。這個現象被稱為晝夜平分點的「歲差」。但是，太陽在 3 月 20 日的位置跟我們有什麼關係呢？

大約在西元 1400 年左右，有許多偉大的新發明與發現。這時候歐洲開始了大航海時代，發現了美洲，環遊世界的熱潮也達到了最高點；而印刷術等等新發明讓許多人能藉由閱讀來學習這個世界；此

太陽在春分時的位置稱為春分點，
自古埃及以來已經穿過了金牛座、白羊座跟雙魚座。

時也發明了火藥，使騎士的盔甲變得毫無用處。從這個時候開始，新發現與發明的潮流就從未停止過。從西元1400年開始的六百年內，人類所發明與發現的東西比起之前數千年的歷史都還要多。你可能會想，這也許是古希臘與羅馬人不夠聰明，但是並非如此。舉例來說，希羅（Heron, 10–70）是個住在亞歷山大城的聰明人，他做了一個小裝置，讓煮開水的蒸氣推動輪子運轉，但是他只是做來當作玩樂的玩具，沒有人想到要將這個方法實際運用在生活上。古希臘與羅馬人就跟我們一樣聰明，但是他們卻對科技發明不感興趣。是人類在這幾年改變了興趣。

埃及跟巴比倫人的興趣與古希臘人不同，正如同古希臘人與我們不同。每當春分點從一個星座移往下一個星座時，人們的興趣也同時有所轉變。有個說法是：下一次的轉變會發生在春分點從雙魚座移往水瓶座的時候，這時候人們的興趣會從物質層面轉變到精神層面，還會有互相幫忙及四海一家的強烈感受。所以春分點的移動對人類來說是有意義的。

Chapter *27*

# 宇宙年或柏拉圖年

## 整顆地球，都在宇宙的影響之下

春分點是太陽在3月20日的位置，會移動經過黃道十二宮。太陽經過十二宮的時間是12個月，天文學家估計春分點需要花上25920年，才能經過所有的黃道十二宮，這是很長的一段時間，但是這個數字很有趣。因為我們每分鐘呼吸約18次，而一天就會呼吸25920次。

古希臘的天文學家算出了25920年這個數字，他們把春分點繞黃道十二宮一圈的週期稱為「宇宙年」，或是「柏拉圖年」，這個名字源自於古希臘偉大的哲學家柏拉圖（Plato, 429BC–347BC）。因此，宇宙年的長度為25920年。那麼宇宙月有多長呢？我們把25920年除以12，得到2160年。春分點通過黃道十二宮的一個星座，就得花上這麼多時間。這2160年間，春分點會慢慢在同一個星座上移動，然後移至下一個星座。

這個時候人們的興趣就會有所轉變。埃及文化的時代是在金牛座

的宇宙月，古希臘人生活在白羊座的宇宙月，而我們現在正處於雙魚座的宇宙月。

　　一般的月份有30天。如果我們把2160年的宇宙月除以30，會得到72年的「宇宙天」。宇宙天的長度是72年，也就是25920天。那麼我們的一天就是一次的「宇宙呼吸」，換句話說，宇宙呼吸一次的時間等於人類呼吸25920次。

　　我們的呼吸，甚至是生命，都與宇宙偉大的節奏互相調和。然而，我們的呼吸並不會與身體結構不協調，例如心跳就與呼吸互相調和。每四次心跳，我們就會呼吸一次。心跳的時候，血液就會在身上流動。我們生命中最重要的節奏都會與宇宙的節奏互相調和，所以不難想像，每當宇宙發生變化的時候，例如春分點從白羊座移至雙魚座時，人們的感受跟興趣也會隨之起了變化。

　　還有一樣東西會隨著春分點的移動而變化，那就是北極星。北極星在天上固定不動，其他星星都會繞著北極星轉。但是我們今日所稱的北極星，跟當年埃及與巴比倫時代所看到的北極星卻不是同一顆。

　　在漫長的時間內，不同的星星會變成北極星。這些輪流變成北極星的星星會形成一個圓圈。要讓圓圈內的所有星星都輪流當過北極星，需要25920年。

　　為什麼北極星不是永遠都是同一顆星？我們說過整個星空會旋轉，這是從我們的視角來看，其實真正在旋轉的是地球的軸心，是

地球在旋轉。地球在軸心上旋轉，而軸心則指著特定的方向——北極星。

　　當我們看著北極星時，看到的就是地球軸心指向的方向。如果旋轉一個舊式陀螺，陀螺不會直直的旋轉，而會搖晃（特別是在減速的時候）。地球的軸心也會稍微搖晃，所以才會指向不同方向，但是卻能保持一個圓形。這種搖晃非常緩慢，就是因為這種搖晃讓地球軸心指向了不同的星星，這些星星因此輪流成為了北極星。

　　所以，整顆地球都在宇宙25920年的節奏影響之下。

我們的呼吸，甚至是生命，
都與宇宙偉大的節奏互相調和。

## Chapter 28

# 七大古典行星

## 來自北歐與羅馬諸神的天體

---

　　週內每一天的名字是從何而來呢？知道這些名字是源自於天文學的人並不多。英文的週六（Saturday）來自於土星[13]。而週日（Sunday）當然是來自於太陽，週一（Monday）則是以月亮為名。英文週二（Tuesday）的名字是來自於北歐的戰神提爾（Tiu 或是 Týr），羅馬人稱這位戰神為瑪爾斯（Mars），法文的週二就寫做mardi，也就是「戰神之日」的意思，因為Mars也是火星的英文名字。英文的週三（Wednesday）是來自於北歐操控風與空氣的神，渥登（Odin，或譯為奧丁），羅馬人稱這位神為墨丘利（Mercury），法文的週三就是mercredi，也就是「墨丘利之日」，因為水星的英文也就是Mercury。英文週四（Thursday）的名字來自於掌管閃電的神索爾（Thor），羅馬人稱這位神為朱比特（Jupiter），法文中的週四寫做Jeudi，也就

---

13　編注：土星的英文Saturn來自羅馬的農業之神薩圖恩努斯（Saturnus）。

是「雷神之日」，因為木星的英文就是Jupiter。英文週五（Friday）來自於北歐的美麗女神弗蕾亞（Freia），在羅馬或拉丁文中稱為維納斯（Venus），法國人稱週五為vendredi，也就是「維納斯之日」，因為金星的英文為Venus。

土星、太陽、月亮、火星、水星、木星與金星，這些就是肉眼可見的七種天體，這些天體會改變與黃道十二宮的相對位置。它們被稱為「遊走的星星」，希臘文是planetei，也就是「行星」的英文「planet」的由來。這些會移動的天體永遠會在黃道十二宮上運行。

然而，這七個天體在黃道十二宮運行的速度並不一樣。古老的天文學家得出結論，如果行星繞十二宮的距離愈長，就離地球愈遠。他們以為七個天體的路徑都是同心圓，而我們等一下就會學到，這是錯誤的想法。

七個不同的遊走的星星有著不同移動速度，天文學家有時會提到行星移動的快慢，但是我們仍須牢記，行星的移動需要長時間的觀察才能發現。行星的移動就像植物的成長，需要花一點時間才能發現植物長大了。植物不斷生長，正如行星一直在移動一樣。

現在讓我們來看看這七個遊走星星要花多久時間繞十二宮一圈。底下的時間只是大概，我們只是用來比較它們的速度而已。

月亮：1個月
水星：12個月

土星、太陽、月亮、火星、水星、木星與金星，這些天體會改變與黃道十二宮的相對位置。

金星：12個月

太陽：12個月

火星：2年

木星：12年

土星：30年

水星、金星和太陽都需要花費一年的時間繞黃道十二宮一周。太陽移動的速度穩定又緩慢。水星則時快時慢，一年當中會有三次加速在前，也會有三次減速落後。所以我們可以說水星每四個月就會有一次變動。金星與水星的移動方式很像，但是更為緩慢。古希臘天文學家因此認為水星與金星是較快的行星，將這兩顆行星的位置放在太陽與月亮之間。

如果觀察這些天體的速度，會發現月亮比火星快了24倍，所以月亮跟火星就好像是時與日的關係。木星繞黃道需要花12年，木星一年之內走的距離跟太陽走一個月一樣，所以木星與太陽就像是月與年。土星需要最長的時間，要30年才能繞完黃道十二宮，總共是360個月。太陽走一天的距離，土星就要走一個月，因此土星與太陽就像是月與日的關係。我們也可以說，月亮花幾天完成，土星就要花上幾年。所以土星對月亮來說，就像年與日的關係。

現在我們了解這七個天體的路徑，天體移動的速度都息息相關，形成一種奇妙的規律。太陽、月亮與行星都彼此互相「調和」，和

諧的相互移動著。之前春分點的課程中也學到，我們的心跳與呼吸也與宇宙的節奏有關。

因此，人類、太陽、月亮與行星，都屬於天上偉大節奏的一部分，就跟黃道十二宮的星星一樣。

人類、太陽、月亮與行星，
都屬於天上偉大節奏的一部分。

## Chapter 29

# 月亮

## 最靠近地球的天體

月亮是最靠近地球的天體，它的路徑畫出的圓圈最小，所以能夠最快繞完黃道十二宮。月亮跟土星、木星、火星、金星與水星這些行星有一個共同點，它們都會反射太陽光。這些行星本身不會發光，我們能看到這些行星，是因為太陽光照在它們身上，陽光反射後才能讓我們看見它們。

其他行星可能不太容易觀察，但是月亮的滿月、弦月、漸盈、漸虧都很明顯。月亮面對太陽的那一面會永遠明亮，一個月當中，當月亮在黃道十二宮運行時，我們就可以見到月亮各階段的改變。在一個月內，首先我們會在晚上太陽下山後看到弦月，接下來的數天內，弦月開始長大，這叫做「漸盈」，然後大約在一個星期後會變成「半月」。月亮會繼續漸盈，大約再過一個星期就會變成「滿月」。在滿月階段，位於月亮的星座，永遠都是位於太陽的星座的對面，例如當太陽在白羊座時，滿月就在天平座，下一個月的時

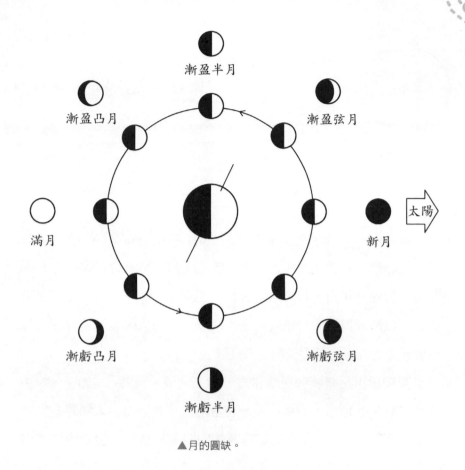

渐盈半月

渐盈凸月

渐盈弦月

满月

新月

太陽

渐亏凸月

渐亏弦月

渐亏半月

▲月的圓缺。

候，當太陽來到金牛座，滿月就在天蠍座。

　　滿月過後月亮開始變小，這叫做「漸虧」。滿月跟半月之間的不
對稱形狀稱為「凸月」，然後月亮在變成半月後會持續漸虧，變成
漸虧的弦月，我們可以在日出前的早晨看到。之後當月亮穿過太陽
時，會有兩三天無法看見月亮。我們喜歡將晚間看到的細細弦月稱

月亮跟土星、木星、火星、金星、水星有一個共同點，
它們都會反射太陽光。

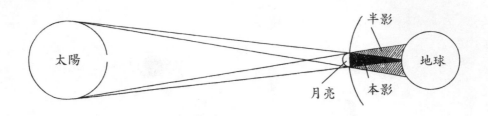

▲日蝕。

為「新月」，但是天文學家則在月亮剛穿越太陽時，就稱之為新月，這時候，我們什麼都看不到。通常新月的位置會在太陽上方或下方。但在一年內，新月通常會有一到兩次（鮮少有三次）擋在太陽前面，這時候黑色的月亮就會全部或部分遮住太陽，遮蓋程度與月亮的位置有關。這種現象稱為「日蝕」。

上圖顯示出月亮照射在地球的三角形區域，稱為「本影」。如果我們當時位在地球上的這區域，將會陷入一片黑暗，太陽將會完全變暗，稱為「日全蝕」。陰影籠罩的同時，只有部分陰影的區域稱為「半影」。如果我們位在半影下的區域，仍然可以看到被月亮遮蔽的部分太陽，這個景象稱為「日偏蝕」。

當月亮越過圓形的太陽時，陰影也會隨之移動。每次日蝕，陰影都會在地球上由西方往東方移動，形成一條線。如果想要看到日蝕，必須在正確的地點才行。天文學家會為了觀察日蝕而跑到數千英里之外。

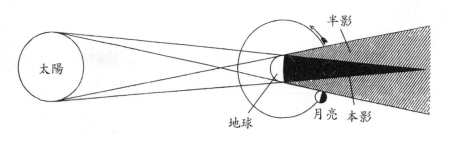

太陽　地球　月亮　本影　半影

▲月蝕。

　　在滿月時，有時候太陽、月亮與地球會形成一直線。地球的影子會照在滿月上，這就是「月蝕」。通常一年之內會發生兩次月蝕，如上圖所示，只要月亮位於地平線上（並且在日落與日出之間的滿月時期），我們就看得到月蝕。

　　當然，地球的影子隨時都在，但是如果影子沒有地方覆蓋，我們就看不到影子了。當月球與太陽、地球成一直線時，這時候地球的影子才有落點。日蝕是月亮的影子照在地球上，月蝕則是地球的影子照在月亮上。

　　正如地球的陰影處會有影子，地球被照亮的地方也會反射陽光。這個反射的光照進宇宙，所以我們無法察覺，但是有時候我們可以發現這些反射的光：在晴朗的天空下，當纖細的弦月出現時，我們可以看到新月懷抱著舊的月亮。此時，我們可以看到月亮黑暗的部分（也就是看得到整個月亮的輪廓），那是被地球反射的柔和藍色光芒所照亮的，這稱為「地球反照」。春天是最適合觀看地球反照的季

　　春天是最適合觀看地球反照的季節，
因為春天的新月在地平線上的高度更高。

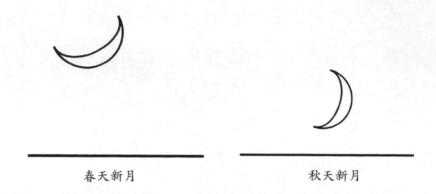

春天新月　　　　　　　　秋天新月

節，因為比起其他季節，春天的新月在地平線上的高度更高。

　　月亮與地球都從太陽接收光芒，但是到了新月的時候，新月不但會照下一點點光芒到地球的黑暗面，地球也會將自己的光照耀到月球的黑暗面，月亮跟地球就在此時用光芒互相打招呼。然而日蝕或月蝕的情況則相反，它們會把影子照到對方身上。並且在新月的時候，地球照到宇宙中的光，會稍微照亮月亮的黑暗部分。

## Chapter 30

# 潮汐與月亮

## 太陽、月亮與潮汐的互相影響

月亮環繞黃道十二宮的速度比太陽快，動向也比太陽容易觀察。如果晚上8點從窗戶看出去，看到月亮在樹梢，那麼明天晚上看到的月亮將不會在同樣的地方。月亮會晚50分鐘才到達這個位置，也就是8點50分。因為月亮隨著太陽改變了位置。

不需要抬頭仰望月亮，許多人就已經知道月亮會晚50分鐘到達同一個位置這件事。住在海邊的人都知道潮汐。大部分的海洋，每24小時會有兩次滿潮。如果第一次滿潮發生在早上8點，第二次滿潮的時間就會是晚上8點25分。下一次的滿潮將會在隔天的8點50分。所以兩個早晨的滿潮間隔，是24小時又50分。每一天的滿潮都會晚50分，所以潮汐是跟隨月亮的節奏。

但是漲潮的高度並非每次都相同。最高的滿潮和最低的乾潮（這個情況又稱為「大潮」，英文是spring tides，來自古英文springere。spring在此有升起的意思，而不是指春天）總是會發生在滿月及新月的時候。改

變幅度最小的潮汐（發生在漸盈半月或漸虧半月的時候）稱為「小潮」。所以月亮對於地球上的現象有著顯著的影響。

月亮還有更多其他的潛在影響。在1920年時，德國科學家寇立思可（Lily Kolisko, 1889–1976）在滿月前三天種下了紅蘿蔔、白蘿蔔與其他植物的種子，此時是月亮漸盈的時期。她也在新月前三天種下了同樣的種子，此時是月亮漸虧的時期。比起漸虧時期，漸盈時期種下的植物生長得更快更強壯。之後許多的園丁跟農夫都聽從了這位科學家的建議，因此獲益良多。

另外，在精神病院工作的護士都知道，每當滿月的時候，病人的狀況就會惡化，變得更難控制。從前的人就知道這點，當時稱瘋子為Lunatic，這個字來自於拉丁文的luna，也就是月亮的意思。Lunatic意思就是指這個人太容易受滿月的影響。然而，滿月對精神層面也有好的影響。作家、詩人與作曲者需要有豐富的想像力，他們可以在滿月時獲得更多的靈感。

中世紀的農夫一直認為滿月或新月的時候比較容易下雨，後來科學家表示這是一種迷信。但是數年前，一位澳洲氣象學者波文（E. G. Bowen, 1911–1991）記錄了很長一段時間的全世界降雨頻率，他發現這些農夫其實並不笨，在滿月與新月時的確比較容易下雨。

月亮對動物世界的影響也有許多實例。磯沙蠶（palolo worm）就是一個特別的例子，這是一種住在太平洋的水生蠕蟲。當地的薩摩亞人（Samoa）視這種蟲為美食，但是他們一年只吃得到一次炸磯沙

蠶。只有在晝夜平分點之後、滿月過後的下個星期清晨,蠕蟲才會從深海裡跑出來產卵。牠們的數量有好幾百萬隻,薩摩亞人就趁這個時候捕抓牠們。沒有人曉得為什麼蠕蟲會知道月亮的週期,因為每年滿月的時間都不一樣。但是無論滿月是哪一天,蠕蟲就剛好會在這一天從水底出來[14]。

蠕蟲居住的深海是看不到月亮的,牠們到底是怎麼知道正確的繁殖時間至今仍然是個謎。月亮帶來了許多奇特的影響,可想而知,許多傳說與故事都會與月亮有關。接下來,是一個來自非洲的美麗故事。在歐洲,當我們看向滿月時,月亮上的陰影看起來像是一張臉,我們稱為「月中人」。但是從非洲人的角度看去,這些陰影就像一隻兔子,於是他們流傳著有關兔子上月亮的故事:

很久以前,當人死去的時候,人們可以看見人的靈魂在太陽、月亮與星星的光芒之下,往天上的神飛去,就好像我們看到天上的彩虹或雲一樣。因為他們可以看見死後發生的事情,所以並不害怕死亡,對他們而言死亡只是一場旅途。但是隨著時間過去,人們失去了看見靈魂升天的能力,開始對死亡感到害怕、感到恐懼。

月靈很同情地球上可憐的人們。祂對兔子說:「你是我的使者,你

---

14  L. Kolisko, *The Moon and the Growth of Plants*, Anthroposophical Press, London 1938. 關於降雨率:E. G. Bowen, reported in *New Scientist*, 7 March 1963. 關於磯沙蠶:Ralph Buchsbaum, *Animals Without Backbones*, USA 1938.

大潮總是會發生在滿月及新月的時候,
小潮發生在漸盈半月或漸虧半月的時候。

去告訴地上的人，要他們看向月亮。滿月會愈變愈小，在新月時消失，然後再次以纖細的弦月出現在天上，然後愈變愈大。人類的靈魂也是一樣的，在消失死去之後，有一天會再次回來重獲生命。新月並不代表月亮就此消失，而死亡也不是人生的結束。」

兔子聽了命令，來到地上告訴人們月靈的訊息。但是人們不想聽兔子說話，他們只想捕捉兔子，不但用弓箭射牠，還放狗追牠。兔子還無法傳達訊息，就逃跑了。

月靈對兔子非常生氣，就把兔子丟到了月亮上。至今，非洲人仍然能在月亮上看到這隻兔子。那麼人們是怎麼知道月靈對兔子說了什麼呢？非洲部落的說法是：月亮在夢境中輕聲告訴了有智慧的善人，能夠在夢中聽到月亮聲音的人並不多，就是這些人將話傳了出去。

## Chapter 31

# 復活節的由來

## 跟隨著宇宙節奏的節日

春分發生在春天。春分的時候,白天與黑夜的力量一樣強,都占了12小時。春分時,太陽的光芒會從黃道十二宮的某個星座照射下來,這對我們來說很重要。古埃及時,太陽在春分點的星座是金牛座,古希臘與古羅馬時的星座是白羊座,而在我們的時代,太陽則位在雙魚座。

魚在海洋裡自在的遨遊,牠們可以游到遙遠的地方,例如鮭魚就會從大西洋游數千英里到愛丁堡附近的河裡。因此,在我們的時代,人們應該要前往遙遠的地方探險,連心靈也不例外。這就是陽光在3月20日春分時,所帶給我們的訊息,因為這時候的太陽是位於雙魚座之上。

在我們的日曆中,我們將3月20日視為春天的開始(當然,在南半球會有所不同)。在這個時間裡,大自然開始發芽生長,寒冷的冬天已經過去,處處充滿了新的生命。上一章講過的非洲故事中,我們

從月的盈虧當中學到了新月不是月亮的終點，月亮會再次漸盈，所以是新生命的象徵。在復活節的時候，不但只有漸盈半月來到天空的最高處，地上所有東西也開始成長。地上的生命告訴了我們：「雖然樹木跟田野在冬天看來荒蕪又死氣沉沉，但這只是表面，復活節之後，各處又會充滿了新生命。」

所以在復活節這個特別的時刻，我們身邊的大自然，還有天上的太陽、星星與月亮，都傳達了特別的訊息給我們。

之前的非洲故事講到，以前的人並不害怕死亡，因為他們可以看到人的靈魂在太陽、月亮與星星的光芒下升天。然而之後人們失去了這項能力，不再能夠看到死後的情形，人們開始生活在死亡的恐懼中。古印度的潘度兄弟（Pandu brothers）故事中，人們甚至很期待死亡，期待能夠離開地上。但四千年後的英雄基加美修（Gil-gamesh），卻已經開始害怕死亡。

基督從死裡復活，是為了要讓人們知道死亡不是結束，而是新生命的開始。這就是復活節的由來。

那為什麼每年的復活節不是同一天呢？早期的基督徒表示：「基督復活不只與地上的人們有關，而是與全宇宙有關，慶祝復活節時，要將宇宙納入考量，包括太陽、星星與月亮。」

所以他們制定了以下的規則：在春分後的第一個滿月，滿月之後的第一個禮拜天就是復活節。週日就是屬於太陽的日子，所以這一天與太陽有關。日期設在春分之後，則與太陽在春分時的星星位置

有關。

　這就是為什麼復活節不是固定的日期。聖誕節永遠是在12月25日，但是復活節的日期每年都不同，有時候早至3月22日，有時候晚至4月25日。復活節是屬於生命的節日，慶祝生命戰勝死亡，慶祝春天來臨時的所有新生命，而所有生命都與宇宙節奏息息相關。

月的盈虧讓我們學到了新月不是月亮的終點，
月亮會再次漸盈，所以是新生命的象徵。

# 遊走的星星

## 太陽系中的天體

現在要學習其他穿過黃道十二宮的天體 —— 水星、金星、火星、木星與土星。金星是這些行星中最閃亮的一顆，它有時候會在日出之前出現，我們稱為「晨星」；有時候則會跟著太陽，在日落之後發光，我們稱之為「暮星」，而晨星跟暮星都是同一顆行星 —— 金星。金星是行星不是恆星，所以不會自行發光，而是跟月亮一樣反射陽光（不過，水星與金星都跟月亮一樣，有著不同變化階段，但是這些行星變化的時間較長，需要天文望遠鏡才觀察得到）。

有時候白天看不到金星，因為金星離太陽太近，所以看不到它的光。這種現象有固定的節奏：有一段時間金星會成為晨星，然後漸漸靠近太陽，消失在太陽強烈的光芒下。然後金星會以暮星的身分出現，之後暮星會愈來愈靠近太陽而消失，接著再次成為晨星。當天體經過另一個天體時，我們稱為「合」。所以金星在成為暮星後會與太陽合，然後在成為晨星時又合了一次。

如果將黃道十二宮畫成一個圓，然後將金星成為晨星後與太陽合的點作一個記號，把這些記號連起來就會成為正五芒星。如果將金星變成暮星後的合點作記號，結果也一樣。金星的軌跡可以畫出五芒星，但是只有天文學家才能夠發現。

金星亮度很亮，是最容易看見的行星，而水星則是最不容易看到的行星。不是因為水星比較不亮，而是水星比金星更靠近太陽，所以不容易看見它的光，而且離赤道地區愈遠，就愈不容易看見。水星也跟金星一樣，有時候會比太陽早升起而成為晨星，有時候會在太陽下山後出現而成為暮星。其餘時間水星會與太陽合，所以完全無法看見。跟金星一樣，如果把水星與太陽的合點畫在黃道圈上，會看到一個三角形。水星跟金星繞黃道一圈的速度較快，雖然它們「緊連」著太陽（位置靠得很近），但是平均來說，水星跟金星繞黃道的速度跟太陽同樣是一年。

火星、木星與土星繞黃道的速度比太陽慢。這些行星的移動與太陽無關，所以可以高掛在半夜的天空中（這是金星跟水星絕對不會出現的情況）。夜晚時，太陽所在的黃道宮位置就在這些行星的對面。它們也會出現在白日，但是我們看不見，這時候是因為太陽穿過了這些行星，也就是這些行星與太陽合。我們也可以像金星跟水星一樣記錄下合點連出的形狀，它們也會形成有趣的圖形。火星每兩年才合一次，15年來有七個不規則的合點。木星12年來有11個規律又相等的合點，而土星要花30年才會有29個合點。

金星是最容易看見的行星，
而水星則是最不容易看到的行星。

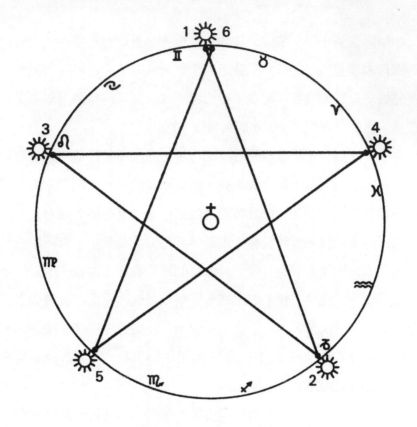

▲八年來，金星與太陽的合點在黃道十二宮上的位置。

古時候的天文學家還注意到了緩慢行星的另一種現象。他們每晚仔細觀察這些行星，發現行星不像太陽或月亮只往一個方向移動。行星有時候會減速、停止，甚至倒退，過了一陣子後才繼續前進。必須連續觀察好幾個月，還要在星空背景上記下位置，才能夠發現這些緩慢行星迴轉與重複的運動。我們以後會教到關於天文學家如

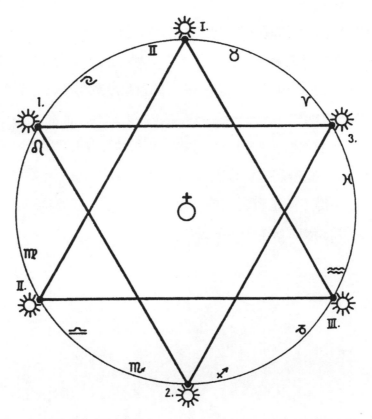

▲每年，水星與太陽的合點在黃道十二宮上的位置，每個三角形都連結著同類型的合。

何解釋火星、土星與木星的這種現象。

　　這三顆星當中，木星是最亮的，但是卻沒有金星那麼亮。火星也很亮，而且發出的光帶有紅色。土星的光最暗，但是仍然比周圍的星星來得亮。

　　古巴比倫與埃及的天文學家稱太陽、月亮、金星、水星、火星、

水星跟金星繞黃道一圈的速度較快，
火星、木星與土星繞黃道的速度則比太陽慢。

土星與木星為七個流浪者，也就是七顆天體。當然，這些天文學家都沒有天文望遠鏡。當天文望遠鏡發明之後，又發現了兩顆行星——天王星與海王星。這些「新」的行星距離非常遠，從繞黃道的時間就可以看得出來：天王星要花上將近85年，而海王星則要花165年。就算你觀察這些行星一整年，也很難發現它們移動。

第十個天體是冥王星，發現於1930年，2006年時，天文學家覺得這顆星小得不像是顆真正的行星，於是將冥王星歸類為「矮行星」。目前所知的矮行星共有五顆。

Chapter *33*

# 畢達哥拉斯

## 第一個在歐洲教導「重生」的人

在介紹星星之前，先來認識一下創建了今日天文學的偉人。天文學的故事要從古埃及與巴比倫說起，當時的祭司與學者很有耐心且長時間觀察天象，可是他們的名字卻沒有被記錄下來。第一位有記載的天文學家是住在古希臘的畢達哥拉斯（Pythagoras, 570BC–495BC），他是古時候累積知識寶藏的偉人之一。

西元前500年（與印度的佛陀同時期），畢達哥拉斯出生在愛琴海的希臘小島——薩摩斯島（Samos）。他的父親是一位商人。當時的習俗是：每當有新生兒出生時，人們就會派遣信差到知名的德爾菲神廟詢問神諭，以預知孩子的未來。他父親也這麼做了，而廟裡的祭司說：「世人會永遠記得這孩子的名字。」

畢達哥拉斯很喜歡畫幾何圖形與算術，這些對他而言不是功課，而是開心又愉快的事。在他21歲時，全希臘已經沒有人能教他算術與幾何了，但是他還想知道更多。

PYTHAGORAS.

▲古希臘天文學家、數學家畢達哥拉斯。

畢達哥拉斯不只是單純好奇而已,他時常觀察希臘美麗神廟的建造過程,仔細觀察每一個石柱、階梯。他看著建築師用圓規與尺作出複雜的測量,將每個部位做成正確的大小,這樣才能讓神廟的每一部分完美結合在一起。畢達哥拉斯對自己說:「如果沒有數字,就無法建造神廟了,甚至連我們住的房子都造不出來。這個世界難道不是神所造的神廟嗎?這個世界必然是依據數字來創造跟設計的,只要更了解數字與圖形,我就能更了解這個世界。」

數字、算術、代數與幾何學,這些都可稱為數學。所有創造物都有著神的智慧,而數學就是理解這個智慧的方法。這就是為什麼畢達哥拉斯想要鑽研更多的原因。

全希臘已經沒有人懂得比他更多了,他聽說埃及的祭司懂得比希

臘人多，於是他離開了出生的薩摩斯島，乘船前往埃及。

當畢達哥拉斯來到埃及祭司的面前時，他表示想跟他們學習，祭司回答：「與陌生人分享知識不是我們的習俗。我們認為知識是神聖、莊嚴的，只有夠資格的人才能擁有知識。如果你想向我們學習，必須證明你是值得我們分享祕密的人。」

在現代，不論是數學還是科學，都可以教導給每一個人。但在古老的埃及，知識是神聖的，只能傳給特別的人。為了證明自己是值得分享的人，畢達哥拉斯必須通過各種考試，而這些考試跟我們所知的考試不同，不需要紙跟筆。舉例來說，他需要接受非常危險的考驗來證明自己夠勇敢。曾經有一次，他必須長時間不吃飯、不喝水，來證明自己是身體的主人，而不是受身體控制。還有一次，他好幾個月都不准說話，不論發生什麼事或想要什麼東西都不能開口，用以證明他是自己舌頭的主人。除此之外，還有許多的考試。畢達哥拉斯完成這些考試後，埃及祭司才同意收他為學生。他花了許多年向他們學習高深的智慧跟知識。

當畢達哥拉斯在埃及學習的時候，波斯人入侵，占領了埃及的土地。波斯人俘虜許多埃及祭司，把他們送到波斯去。對波斯人而言，畢達哥拉斯也是埃及祭司，所以他也被送去波斯。幸好當時波斯國王身邊有位希臘醫生，當這位醫生看到希臘同胞時，就向國王懇求，於是畢達哥拉斯被釋放了，可是條件是他必須待在波斯。

這個時候的巴比倫也在波斯的統治之下，所以畢達哥拉斯就前往

所有創造物都有著神的智慧，
而數學就是理解這個智慧的方法。

巴比倫去學習太陽、月亮與星星的知識。在這個時期，沒有人比巴比倫的祭司還懂星星。正如畢達哥拉斯在埃及需要通過考試一樣，他在巴比倫也要通過困難又危險的考試，巴比倫的祭司才願意收他為徒，讓他學習他們的祕密。

正如《舊約聖經》所述，以色列的子民首先來到埃及，然後在數百年後跟畢達哥拉斯一樣成了巴比倫的俘虜。畢達哥拉斯在那裡見到了許多以色列的聖人與先知，並向他們學習。多年後，畢達哥拉斯終於被允許回到希臘。

他還有什麼地方可以去呢？他離開的這些年，父母親早已過世，又沒有親戚，出生的小島也被波斯人占領了。然而他現在擁有了神祕的知識，比當代的人都更深奧的知識。他要去哪裡找到值得教導的學生呢？

這時候的希臘城市不只在希臘而已，還分布在義大利的南方。舉例來說，那不勒斯（Naples）源自希臘文Neopolis，意思是「新的城市」。所以畢達哥拉斯去了位於義大利南部的希臘城市克羅頓（Croton）。

畢達哥拉斯看起來不像普通人，這並不是因為他身材高大，又穿著埃及祭司的白袍；也不是因為他在外地受的苦難，讓長長的頭髮與鬍子變得灰白，而是他深邃的眼睛——人們可以看到他眼裡知識的力量。他在克羅頓開了一間學校，裡面教的東西是完全保密的，直到畢達哥拉斯死後，一部分神祕的知識才流傳到世上。這時，希

臘才學到了其他國家早已學會的知識。當時的希臘人對於人們死後靈魂的動向只有非常悲傷的說法：死者的靈魂會活在黑暗的陰影世界，就在冥王黑帝斯（Hades）的國度。但是畢達哥拉斯將埃及智者的說法告訴了他的學生：靈魂將再次回到地球上重生。在東方、埃及與印度，這不是新知，但是在歐洲，畢達哥拉斯是第一個教導「重生」的人。

　　這是畢達哥拉斯從東方帶來的知識之一。他還帶來了另一種知識，跟數字有關，卻又跟我們平常知道的數字不太一樣。當畢達哥拉斯在埃及通過各種考驗之後，埃及祭司告訴他，數字並不只是數字，而是有意義的。舉例來說，「一」是第一個數字，我們會認為這是小的數字，比二跟三還小，但是實際上，一是最大的數字，因為全世界都同屬一體。例如星星、行星、地球、人類跟動物等全部的東西，都是這個偉大世界的一部分，屬於這個宇宙。而英文的宇宙（universe）的字源來自拉丁文的unus，也就是一的意思。數字一的意義就是整個宇宙。

　　「二」的意思是所有東西都有兩面：日與夜、男人與女人、愛與恨、正與邪。如果世界上沒有「二」，就不會有差異，不會有比較，所有事情看起來都會一模一樣。

　　「三」則與所有成三的東西有關：父親、母親與子女；光明、黑暗與顏色（顏色是由光明與黑暗混合而成）；清醒、睡眠與作夢。還有另一個三重性：我們用頭腦思考、心臟感受、用手跟腳做事。人的

在歐洲，畢達哥拉斯是
第一個教導「重生」的人。

生命就是由這三種事情組成：思考、情感與意志。

「四」代表世界上的所有四重性：東西南北四方位；四種季節；大自然的四種王國 —— 人類、動物、植物、礦物；四種原始元素——風、火、水、土。

然後祭司又對他說：「看看我們建造的偉大金字塔，如果你從遠方來，會先看到尖頂，是各面的集合點。這一點就代表著『一』。如果你靠近金字塔從角落看去，你會看到塔的兩面，一面永遠比另一面黑（因為陽光的關係），這就是在顯示二重性。但是若你從側面觀看金字塔，可以看到代表三的三角形。如果你從上往下看金字塔，可以看到正方形的地基，代表這世界的四重性。」

祭司告訴畢達哥拉斯，三角形代表世上的三重性，方形代表世上的四重性。三角形有不同的種類，這些種類就跟世界上的元素一樣多，一共有四種：

(1) 三角形的三個邊都不一樣長，稱為不等邊三角形，是屬於風的三角形。

(2) 兩邊一樣長的三角形稱為等腰三角形，是屬於火的三角形。

(3) 三邊都一樣長的三角形稱為正三角形，是屬於大地的三角形。

(4) 三角形三邊不一樣長，但是有一個直角，稱為直角三角形，是屬於水的三角形[15]。

---

15　Lancelot Hogben, *Mathematics for the Million*, 1936.

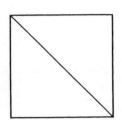

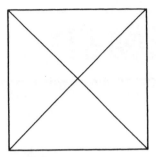

▲兩個等腰直角三角形可以形成一
　個正方形。

▲四個等腰直角三角形也可以形成
　一個正方形。

　　只有兩種三角形可以混在一起形成新的三角形，火的三角形（等腰三角形）以及水的三角形（直角三角形）。我們可以說火的三角形是父親，水的三角形是母親，兩者的孩子就是等腰直角三角形。

　　等腰直角三角形有著相同的兩邊及一個直角，是一種非常特別的三角形。如果有兩個等腰直角三角形（大小必須相同），將兩條底線湊在一起，就可以形成一個方形。如果四個等腰直角三角形，將頂點湊在一起，它們又會形成正方形，面積比前一種正方形大一倍。

三角形代表世上的三重性，
方形代表世上的四重性。

## Chapter 34

# 托勒密

## 整合了古希臘天文學的人

畢達哥拉斯從埃及祭司那裡學到了幾何學。他超越了埃及人，發現了直角三角形的定理，使他流芳百世。雖然這是個簡單的定理，卻因此實現了德爾菲神諭的預言，使他的美名流傳至今。

當畢達哥拉斯到巴比倫（後來成為波斯的一部分）時，他遇到了巴比倫的祭司。這些偉大的天文學家比世界上的任何人都更了解太陽、星星、月亮與行星。

多年後，畢達哥拉斯在克羅頓教導學生，講述在巴比倫的日子以及他學到的東西。他對學生講了一件事，實行的方法至今仍然是個祕密。他說他進入了某種睡眠，跟一般的睡眠或作夢完全不同，他的心靈是清醒的，但是他的身體卻像是死了一樣躺在那裡。他的心靈並不在身體裡，他感覺自己愈飛愈高。他成了靈體，不受身體限制，從地球上升至宇宙中。他在宇宙聽見太陽有著洪亮的聲音，但卻比任何人類的聲音都還要美。月亮有著溫柔甜美的聲音，其他行

星也有自己的聲音。從遠處恆星傳來的聲音就像廣大的合聲，地球上沒有任何音樂比得上宇宙偉大又多變的樂曲。並非只有我們見到的行星會發出聲音，每個行星的路徑都是一個球體，每個行星形成的球體也會發出聲音，發出美妙的音符。這就是偉大的「天體樂音」（music of the spheres），只有脫離肉體的靈魂能夠聽見。然後他感到自己被拉回地球，天體樂音也漸漸變得模糊。他被包圍在無聲的黑暗中，然後這奇特的睡眠就結束了。他再次感受到自己的身體，並醒了過來。

畢達哥拉斯跟學生提起了「天體樂音」，說那是屬於宇宙的音樂。他還告訴學生，人類靈魂對這種音樂有著些微的記憶，人們在出生之前就已經聽過這偉大的音樂。這就是為什麼地上的人會創作及享受音樂，因為人們在試著想起天體樂音。當然，對於這來自宇宙的音樂，有些人會記得比別人多一些。

畢達哥拉斯對學生講了一個天大的祕密，但是這個祕密卻被傳了出去。從此時起，天體發出的合音便在人們之間流傳著。數百年後，英國劇作家莎士比亞（William Shakespeare, 1564–1616）在他的劇作《威尼斯商人》（*The Merchant of Venice*）裡就曾經提到「天體樂音」；德國詩人歌德（Johann Wolfgang von Goethe, 1749–1832）也曾在詩中提過。

畢達哥拉斯還對學生說了一件難以置信的事，他說：「你以為太陽、月亮與整個天空的星星都繞著你旋轉，但是你錯了。其實是地

月亮、行星與恆星都有自己的聲音，
地球上沒有任何音樂比得上宇宙偉大又多變的樂曲。

球在旋轉，地球是一個繞著軸心旋轉的球體。地球的軸心指向北極星。這就是為什麼北極星看起來不會動的原因。還有那些星星，也就是恆星，是完全不會移動的，是地球在轉動。此外，地球不是只有在宇宙中固定的地方轉動，而是依照路徑繞著太陽轉。」

對畢達哥拉斯的學生來說，這一切太難以理解了。他們很難想像腳下堅硬的大地不但會旋轉，還會繞著宇宙中的圓形路徑運行。在畢達哥拉斯的知識公諸於世之後，古希臘人以及後來的羅馬人都不太相信這個說法，只有少部分人認為他是對的。因此，畢達哥拉斯以幾何學定理聞名，「天體樂音」的說法也被人們廣為接受，但是關於地球運行的說法，卻在兩千年來都沒有受到重視。

畢達哥拉斯之後的六百年，在埃及的亞歷山大城（Alexandria），有一位叫做托勒密（Ptolemy, 100–168）的希臘人，寫了一本整合古希臘天文學的書。他聽過畢達哥拉斯的事蹟，也聽過「天體樂音」的說法。在他的書中，他形容地球是位在八個天球的中心，速度最快的月亮是在最接近地球的最小天球[16]內，接下來向外依序是大一點的水星、金星、太陽、火星、木星與土星，最後最大的天球是包含所有恆星的天球。

畢達哥拉斯曾說過地球會移動，但托勒密不是沒聽過就是不相信

---

16　編注：想像一個與地球同球心並有相同自轉軸、半徑無限大的球，便是「天球」（sphere）。在天文學上是非常實用的概念。

這個說法。無論如何，他在書中並沒有提到這一點。不過，托勒密被公認是非常聰明的人，他在世時廣受尊重，死後數百年也依舊如此。當時，人們並不了解天球並非堅硬的固體，他們認為天球是包覆著地球的透明球體，行星、月亮跟太陽在這些天球裡轉動。他們真的以為天球是堅固的，只要飛得夠高就可以碰到。然而，畢達哥拉斯所述說的事情是在靈魂離開身體之後才體驗得到的，只要我們還在肉體內，就看不見也碰不到這些天球。

1500年來，托勒密的學說被視為是不可質疑的。只有當春分點進入了下一個星座——雙魚座時，人們的心靈才有了轉變，開始懷疑托勒密的正確性。

◀古希臘天文學家托勒密。
© Wikimedia Commons

畢達哥拉斯的學生及後人難以想像地球會旋轉，
因此畢達哥拉斯以幾何定理聞名。

159

Chapter *35*

# 哥白尼

## 從地心說到日心說

我們學過了人類生命的三重性：我們思考、感受還有意志。我們每個人都不一樣，有些人很會思考，但是要做事情的時候，手腳就不太靈光；有些人對他人非常溫柔和藹，會盡可能幫助他人，但是他們的頭腦卻不太聰明；有些人生來就是要成就偉大的事業，例如亞歷山大大帝或凱撒大帝，但是他們並非偉大的思想家，也不是很仁慈。亞歷山大大帝、凱撒大帝、獅心王理查（Richard the Lionheart, 1157–1199）[17] 或是航行到文蘭的維京人，這些人都屬於行為上的英雄，而不是思想或感受上的。天主教耶穌會創始人聖方濟（St. Francis of Assisi, 1226–1230），就是屬於感受的英雄，還有赤貧兒童之父伯納多博士（Dr. Barnardo, 1845–1905），他特別關愛那些沒有家庭的窮苦兒童。當然，還有屬於思考的英雄，像是畢達哥拉斯。有一個

---

17　編注：中世紀英格蘭國王。

定理就是以他的名字為名，這個定理就是他的思考，還有像是重生、天體樂音與地球的運行，這些都是偉大的思想。

然而，亞歷山大城的天文學家托勒密並不算是個偉大的思考英雄，他只是重複畢達哥拉斯所說過的話。但是兩千年來，大家都相信托勒密的觀念。在西元1400年時，春分點來到了雙魚座，人的心靈開始有了轉變。在100年後的西元1500年，人們開始探問之前從未想過的問題。

在波蘭有一位教堂的誦經員（這個職位跟神父很像）叫哥白尼（Nicolaus Copernicus, 1473–1543），他的興趣就是天文學。哥白尼是個受過教育的人，他可以閱讀拉丁文跟希臘文，他在倖存的古籍中讀到了畢達哥拉斯的資料，知道畢達哥拉斯不但說到了天體樂音，還說到了地球的運行。在托勒密的世界觀中，有一種現象非常複雜，那就是行星的「舞蹈」。舉例來說，如果你花幾個月的時間觀察火星或木星，你會發現行星會往某個方向前進一陣子，然後開始往反方向移動，形成一個迴圈。

希臘天文學家向托勒密解釋，這是因為行星是繞著小型的天球轉動，稱為「本輪」（epicycle）。而本輪會繞著大圓（或稱為天球）移動。每一個行星（除了月亮跟太陽之外）都會有大圓跟小的本輪。

哥白尼心想：「如果我騎在馬上，超越了另一位騎士，在我看來這位騎士可能看起來像是在倒退，但其實不然，是我自己在動，是因為我的速度，讓他離我愈來愈遠。當然，我們看得到地面，所以

思考、感受還有意志，
就是人類生命的三重性。

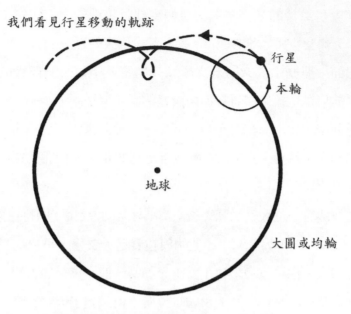

我們看見行星移動的軌跡

行星

本輪

地球

大圓或均輪

▲托勒密系統中，行星有著大圓（均輪）及本輪。

我們知道騎士不是在倒退，但是如果我們看不到地面呢？也許行星並沒有倒退，而是地球移動了，讓行星看起來像是在倒退一樣。」哥白尼發現，如果讓地球繞著太陽轉，其他行星也繞著太陽轉的話，這兩種天體運動就可以讓行星看起來像是在繞圈跟倒退了。

　於是哥白尼就說：「太陽並不是繞著地球轉，而是地球繞著太陽轉。太陽一定是在固定的位置，當地球在一年間繞著太陽運行時，我們可以看到太陽後方有著不同的星星背景，也就是黃道的各個星座。那月亮呢？月亮並不會繞圈，但是我們可以在一個月內看到月

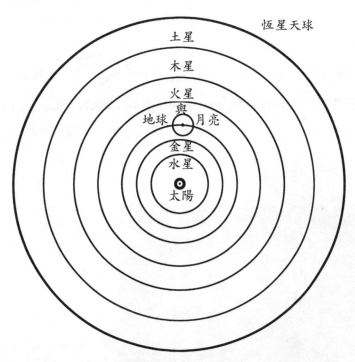

恆星天球

土星

木星

火星

地球 與 月亮

金星

水星

太陽

▲以太陽為中心的哥白尼系統。

亮經過黃道的各個星座。月亮是唯一繞著地球轉的星球。」所以在哥白尼的世界觀中，所有的行星都繞著太陽轉，而地球也繞著太陽轉，所以地球也是行星之一。但是月亮是繞著地球轉，所以月亮不是行星，而是衛星。

　　哥白尼思考出了這一切，給了天上所有天體運動一個更簡單的解釋。然而，沒有任何方法可以證明他是對的，這只是一個想法、一

在哥白尼的世界觀中，
所有的行星都繞著太陽轉，地球也繞著太陽轉。

個理論。因為托勒密跟哥白尼的這兩種學說都可以解釋太陽、月亮跟行星的運行，因此很長一段時間內，他都沒有將自己的想法寫成書。直到哥白尼年老的時候，朋友聽了他的想法，才鼓勵他寫作。他最後終於在1543年完成了一本書，書名叫做《天體運行論》（*On the Revolutions of the Celestial Spheres*），但是他在看到書印好的當天就過世了。

▲波蘭天文學家哥白尼。

*Chapter* 36

# 第谷·布拉赫

## 偉大的星象觀測者

哥白尼死後三年，第谷·布拉赫（Tycho Brahe, 1546 – 1601）出生了。他來自一個貴族家庭，父親跟叔叔都是丹麥國王的官員。他大部分的孩提時期都跟叔叔住在一起。當第谷13歲時，他開始在哥本哈根大學念書。當時的男孩大多在13、14歲時就去念大學了。在那裡，他聽到隔天會發生日蝕的消息。第二天，第谷很期待的觀看著天象，當太陽真的變黑了的時候，他大叫著說：「可以預知這種事情的人簡直就像是神！」自從這一天起，他決定當一位天文學家。

第谷的叔叔希望他能學習法律，但是他卻對天文學更有興趣。晚上，在應該睡覺的時候，他會偷溜到花園來觀看星星。他很快就認識了可用肉眼看到的所有星星，也研究了可取得的每一份星象圖。16歲時，在家庭教師的陪同下，他被送去德國完成法律學業。他的家庭教師很快就發現這是個無法達成的任務。不論他怎麼努力，就是無法讓第谷對天文學之外的東西感興趣。第谷只要拿到零用錢，

就會馬上花在天文學的書籍跟用具上。第谷曾經寫過：「沒有一張圖是一樣的。測量方法就跟天文學家一樣多，每個天文學家都各說各話。」

他只好靠自己有系統的觀察天象、製作最精確的星象圖，還製作了特殊器材來測量星星的角度。他的叔叔很失望，因為第谷不願意跟其他年輕貴族一樣去騎馬打獵。第谷說：「我不願意浪費時間在騎馬打獵上，我寧可觀看上帝的美麗傑作。」當他19歲時，叔叔過世，他不再被強迫學習法律，或是做自己不願意的事了。

當時的人跟天文學家都相信，人生是被星星所掌控；如果知道一個人出生時的各個行星位置，就可以預知這個人的一生。年輕的第谷寫了一首詩，根據推算星象，他在詩中預測土耳其的蘇丹王會在1566年10月的月蝕過世。奇怪的是，蘇丹王真的在這段時間內過世了，這使得第谷聲名大噪。

然而，真正讓第谷在全歐洲成名的事情則發生在數年後。在1572年初冬的某天晚上，第谷走在回家路上時，他在天空中看到一顆明亮的星星，就位在仙后座的地方。他馬上就知道那裡不應該有一顆星，也知道行星不可能偏離黃道這麼遠。為了再次確定，他問了僕從是否也看到了這顆星星，他們都說看到了。因此，第谷知道這不是他的幻想，也不是因為喝醉或吃了某些東西造成的幻覺。

第谷一回到家，馬上拿出了測量器具，打算測量新的星星的正確位置。他很快就計算出，這並不是雲裡的亮光，而是一顆真正的星

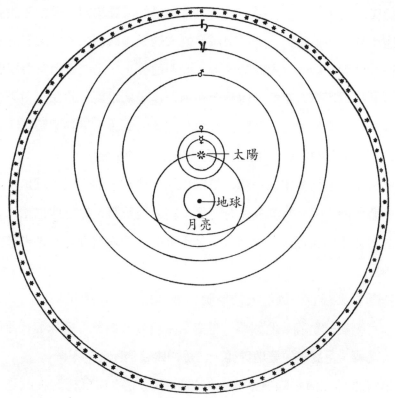

▲以地球為中心的第谷系統，但是行星是繞著太陽轉。

星，就跟太陽、行星等星星一樣遙遠。觀察了新的星星數週之後，第谷把觀察結果寫了下來。他的朋友想說服他不要寫作，認為出書並不符合貴族的身分。但是第谷並沒有受到影響，仍然出版了他的書，名為《新星》（*De Nova Sttella*）。當時所有學術書籍都是以拉丁文寫作。至今天文學家仍將「新星」稱為nova，就是來自於拉丁文。

當時的人跟天文學家都相信，
人生是被星星所掌控。

此後，丹麥國王就將第谷封為皇室專屬的天文學家，並給了第谷一座小島，讓他建造有史以來規模最大的天象觀測台。他擁有許多僕從跟助理，如器具製作師、數學家與建築工。島上不但有農場跟麵包師提供所有人食物，他甚至在島上建了造紙廠，確保有足夠的紙張記錄觀察結果。為了製作至今最完美的圖表，第谷還製造了更精細、更準確的器具，作出了比以前更準確的星象圖。

　　就跟當時的天文學家一樣，第谷也學過托勒密的學說，就是地球在中心，而太陽、月亮及所有行星都繞著地球轉。但是他也讀過哥白尼著作中的新理論，認為太陽是不動的，而地球等行星則繞著太陽轉。

　　托勒密系統有一個很大的優勢，那就是跟我們所見符合——太陽、月亮與行星繞著地球轉。哥白尼系統較為簡單，地球等行星繞著太陽轉，月亮則繞著地球轉，但是卻跟我們所見的不同。

　　第谷當然知道這兩種系統，但是他不想完全摒棄托勒密的世界觀。畢竟，我們所看到的，的確是太陽、星星與月亮繞著地球轉。他因此想出了數個系統。第谷表示：「金星、水星、火星、木星與土星這些行星都是繞著太陽轉（所以哥白尼是對的），但是太陽是繞著地球轉，其他行星因此跟著太陽繞地球轉動（所以托勒密也是對的）。」第谷‧布拉赫的系統或世界觀，同樣可以解釋行星的運行。

## Chapter 37

# 克卜勒
## 圓形與橢圓形的天體運行路徑

當丹麥國王過世後，第谷與新任國王起了爭執。幸好，奧地利皇帝魯道夫（Emperor Rudolf, 1552–1612）[18]邀請他到布拉格（Praha）當皇室天文學者。

與此同時，有一位名叫克卜勒（Johannes Kepler, 1571–1630）的年輕德國人，他曾經在奧地利擔任天文學教授。克卜勒相信地球是活的，會吸氣與吐氣。正如血液流過我們的身體一樣，水也在大地上流動循環，先升起成雲，然後變成雨落下，最後流入海中。地球就像是有生命的活物，而活物不會是靜止的，一定會移動。克卜勒的遠大目標是要理解為什麼上帝會如此建造這個宇宙？為什麼行星跟太陽要保持這樣的距離，而不能是其他的距離？克卜勒在著作《宇宙的奧祕》（*The Mysteries of the Cosmos*）中提到了這個目標。

---

18　編注：神聖羅馬帝國皇帝，領土範圍主要為今日的德國、奧地利與捷克。

當奧地利發生戰爭時，克卜勒與家人一起逃難到了布拉格，他在這裡被任命為第谷的助理，於是兩位偉大的天文學家碰面了。然而，這兩人相處得並不融洽。第谷是貴族，習慣有許多僕從跟助理供他使喚，於是他將克卜勒視為助理。然而，克卜勒是位大學教授，他的著作在歐洲廣為流傳，他認為自己應該受到與第谷同等地位的對待，不是只能在僕從桌上吃飯而已。而且克卜勒相信哥白尼系統，第谷卻偏好自己的系統，這又讓事情變得更糟了。

雖然心有不甘，但是兩個人依然互相尊重。因為第谷是個有耐心又精確的星象觀察者，克卜勒則是個有數學天賦跟洞察力的天才。

當克卜勒檢查第谷精確的行星運行觀察紀錄時，他發現了一些不同點。第谷實際觀察而記錄下的行星位置，與哥白尼系統估計的位置不同，所以克卜勒花了許多年去計算。直到第谷過世後數年，克卜勒才有了另一個想法：如果行星跟地球不是以圓形環繞太陽，而是以很接近圓形的橢圓形來環繞的話，那麼計算就會更為準確了。

當克卜勒計算地球與行星以橢圓形環繞太陽的路徑時，他發現行星真的來到了他所計算的位置。今日的天文學者仍然使用這個世界觀：月亮是以橢圓形環繞地球，而地球與其他行星也是以橢圓形環繞太陽。

地球繞著軸心旋轉，每轉一圈就是一天24小時。地球以橢圓形繞太陽旋轉，繞了完整的一圈就是一年。

然而，沒有任何證據可以證明地球的路徑是橢圓形。雖然這符合

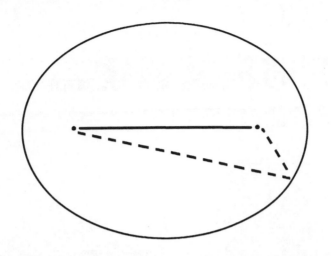

▲如何用一條線畫出橢圓形：將線綁成一個環形，在紙上釘兩根圖釘，圖釘稍微隔開一點距離，用鉛筆拉著線在紙上滑動即可畫出橢圓形。兩根圖釘靠愈近，畫出的橢圓就愈接近圓形，圖釘距離愈遠，橢圓就變得愈扁平。

計算出的答案，但是也許某一天又會有人提出新的想法，然後也符合地球與太陽的運行。當時哥白尼跟克卜勒的世界觀會被所有天文學家廣為接受，因為這是計算行星位置最簡易的方法，但卻不足以證明我們假想中的行星「舞蹈」是怎麼來的。

月亮是以橢圓形環繞地球，
而地球與其他行星也是以橢圓形環繞太陽。

## Chapter 38

# 伽利略與望遠鏡

## 看見宇宙的真實面貌

當克卜勒還在研究橢圓形時,一個住在荷蘭的男人有了一個奇怪的發現。據說這件事不是他發現的,而是由小孩子發現的。這個男人的名字叫做李普希(Hans Lippershey, 1570–1619),是製造鏡片的專家,專門製作眼鏡。他看到兩個孩子在店裡玩鏡片,小孩說他們可以把遠處的風向標變近,但是會上下顛倒。

鄰近的鏡片製造師查哈里亞斯・詹森(Sacharias Jansen, 1585–1632)也在同時期提出了類似的主意。沒有人知道哪一個鏡片製造師才是第一個想出這個主意的人,或許是某個人偷走了另一個人的主意。無論如何,這就是天文望遠鏡與雙筒望遠鏡的開端。

荷蘭的鏡片製造師是第一個使用兩片鏡片來製作望遠鏡的人,另一位名為雷文霍克(Antoni van Leeuwenhoek, 1632–1723)的荷蘭人,則製造出第一座顯微鏡。然而,荷蘭人想要隱藏望遠鏡這項發明。當時荷蘭正在與西班牙打仗,如果他們能比敵人更早使用望遠鏡觀察

遠處敵軍的動態，就會有很大的優勢。也就是說，他們只是把望遠鏡當成戰爭的工具。當然，這樣的事情很難保密，荷蘭人的發明很快就傳到了其他國家耳中。

當時在義大利有個男人，他屬於思考的英雄，是一位科學英雄。他的名字是伽利略（Galileo Galilei, 1564–1642），而且他深愛天文學。他讀過了哥白尼、第谷跟克卜勒的著作，而他確信哥白尼與克卜勒是對的——地球是繞著太陽運行的。當伽利略聽到荷蘭發明望遠鏡的傳言時，他馬上就想到這項發明可以用來觀察星象。他無法從荷蘭人那邊取得任何望遠鏡，所以伽利略自己實驗，做出了望遠鏡。

因此，伽利略成為了首位使用望遠鏡觀察太陽、月亮與行星的人。你可以想像一下他的感受——他可以看到別人從未看過的景象。他不但看到了更多的星星，還見到了月亮的細節，還有別人從未察覺的行星。

伽利略有三個偉大的發現：第一，他看到月亮上的某些黑色區塊就像山脈

© Wikimedia Commons

▲義大利天文學家伽利略。

伽利略是首位使用望遠鏡
觀察太陽、月亮與行星的人。

的陰影，所以月亮跟地球一樣有山脈。第二，在觀看金星時，他發現金星跟月亮一樣有陰晴圓缺。但是他最大的發現是，不只地球有月亮環繞，木星也有月亮。伽利略見到木星的月亮不只一個，而是四個。他對自己的發現很自豪，他也因為是首位發現木星月亮的人而成名。伽利略將他的發現寫作成書，並捍衛哥白尼跟克卜勒的想法，認為地球是繞著太陽轉動，但卻因此惹上了大麻煩。

• • •

當時只有僧侶跟神父有機會學習知識。而羅馬教皇是教會領導人，如果他決定人們不應該知道某件事，那麼這件事就會消聲匿跡。然而時代正在改變，不但出現馬丁・路德（Martin Luther, 1483–1546）[19]挺身反抗羅馬天主教會的權威，還有像第谷、克卜勒、伽利略等等不是僧侶或神父的人推出了各種新的想法。羅馬教皇與樞機主教不喜歡這樣。

因此伽利略被要求前往羅馬。當時（1615年）的教皇充滿了權威，伽利略無法拒絕他。在羅馬時，伽利略得知教皇並不喜歡他的著作——畢達哥拉斯、哥白尼與克卜勒的想法，有關地球繞著太陽運行的想法，是不被接受的，而且這種想法也與《聖經》衝突（舉例來說，約書亞曾在戰爭中向神祈禱，希望能使太陽停止不動，這樣才能在夜晚

---

19　編注：德意志神學家，並於16世紀初發動宗教改革。

來臨前結束戰爭。樞機主教質疑：「如果太陽原本就不會動，神又怎麼能讓太陽停止不動呢？」）。

於是伽利略有兩個選擇：公開道歉承認他的說法是個天大的錯誤或是終生監禁。當時的伽利略已經是一位老人，他不想在牢裡終老，所以他違背了自己真正的信念道歉了，聲稱他的書是天大的錯誤，然後他就被釋放了。

自此之後，他再也沒有說過或寫過任何有關哥白尼或克卜勒的想法，不過他並沒有真正改變自己的看法。從伽利略的例子看來，在科學萌芽的時期，公開說明自己的想法是有危險的。

‧ ‧ ‧

從伽利略的時代起，愈來愈多人開始使用望遠鏡觀察星象，也有了愈來愈多發現。現代天文觀測台的望遠鏡比起伽利略的大多了，當時不像現在一樣是使用鏡片，而是使用凹鏡。所以你是往下看向一個朝著天空的鏡子，而不是往上看向星星。現代（2011年）最大的天文望遠鏡位於西班牙加納利群島（Canary Islands），望遠鏡的直徑超過十公尺[20]。

在望遠鏡的幫助之下，人們有了許多新發現，但是這些新發現卻

---

20　編注：至2022年，世界上最大的分節鏡望遠鏡（segmented mirror telescope）依舊是「加納利大型望遠鏡」（Gran Telescopio Canarias）。

現代最大的天文望遠鏡位於西班牙，
也就是加納利大型望遠鏡。

讓人感到困惑。藉著望遠鏡，人們看到了許多從未見過的事物，但望遠鏡卻不會給你答案，只會帶來新的謎題。從望遠鏡觀察星星並不能證明或解釋一切，只帶來了新的疑問、新的難題。對於宇宙，巴比倫的祭司很有可能知道得比我們少，可是懂得卻比我們更多。

當然，天文學家無法直接觀察太陽，這會毀了他們的視力。望遠鏡可以朝向太陽，讓太陽的畫面出現在銀幕上。然而，就算是用最大的望遠鏡，我們也看不到太陽的本體。就像地球被大氣層環繞一樣，太陽也有某種大氣層環繞在外，不過不是空氣，是閃耀的光。「光」的希臘文寫作photos，圍繞著太陽的這一層光就稱為photosphere，也就是「光球」。圍繞著太陽的光球是如此之亮，沒有人可以看穿它。所有人看到的只是太陽外層的光。沒有人知道光球裡面到底是什麼。

當伽利略首次用望遠鏡看太陽的時候（沒錯，他傷害了自己的視力，年老時幾乎成了盲人），他感到很困惑。在亮光當中他看到了小黑點。伽利略不知道這些黑點是什麼東西，雖然我們對太陽黑子的了解比他多一些，但是我們也不清楚這些黑子到底是什麼。如果連續幾天觀察黑子，它們似乎會在太陽上移動，這顯示出太陽會以軸心旋轉，就跟地球一樣。然而跟地球不同的是，太陽的某些部分旋轉一圈要花上21天，其他部分（離太陽赤道較遠處）則要花較長的時間，最久要花26天。

這些神祕的黑子來來去去，出現的時間最久幾個月，然後會出現

別的黑子。有時候數量較多，有時候較少，但是似乎有一種固定的節奏。每隔11年就會出現大量的太陽黑子，然後再開始變少。沒有人知道為什麼。也許太陽黑子跟某種東西有關，數量一多的時候，無線電的收訊就會比平常差，船隻的羅盤也會變得不準，也會更頻繁發生北極光。

望遠鏡還可看到巨大的「火焰」從太陽噴出，這種火焰稱為「太陽閃焰」。這種強大的火焰有時候可以達到地球50倍的高度！只有在日蝕或是用特殊望遠鏡遮擋太陽的環狀光芒時，才有辦法看到這種火焰。

有時候我們也可以看到一圈珠母色的光線環繞著太陽，稱之為「日冕」（太陽的皇冠）。關於日冕是怎麼來的有許多推論，但是目前還沒有確切答案。

望遠鏡的發明帶來了更多有關太陽的疑問。

太陽也有某種大氣層環繞在外，
不過不是空氣，而是閃耀的光。

## Chapter 39

# 望遠鏡裡的星空

望遠鏡帶來的新疑問

望遠鏡帶來了新的疑問。太陽黑子被發現了,我們卻不知道黑子到底是什麼。我們不知道為什麼黑子每11年就會增加數量,也不知道是什麼造成雄偉的太陽閃焰或美麗的日冕。如果把望遠鏡轉向宇宙中最接近地球的鄰居——月亮,也出現了同樣的情況。

用肉眼看月亮可以見到黑色區塊,我們稱為「月中人」;在印度或非洲,他們稱為「月兔」。用望遠鏡看月亮表面,可以看到許多山脈,每座山脈都是環狀的,中間有一個洞。這種洞稱為「月球坑洞」。在英文當中,月球坑洞(Crater)跟火山口是同一個字,岩漿就是從這個開口噴發而出。月亮上的山脈是火山嗎?這些坑是火山口嗎?我們不知道。大多數天文學家認為月球坑洞是落在月亮上的隕石所造成的,但這只是猜測而已。我們只知道這些奇怪的山脈沒有積雪的山頂、沒有河流、沒有雲,也沒有任何東西在上面生長。我們可以用望遠鏡清楚看到月亮,就代表月亮上沒有空氣。但是我

們仍然不知道是什麼東西造成這些月球坑洞。望遠鏡又再次帶來了疑問，卻沒得到多少解答。

現在來看看土星。用肉眼看，土星並不壯觀也不耀眼，但是從望遠鏡看出去，土星的景象卻是最奇特的。我們可以看到一個發亮的球體（是陽光的反射，土星本身不發光），還有一個又寬大且發亮的環圍繞著球體，其他行星都沒有這種環。事實上，如果用非常強大的望遠鏡來看，會發現這個環並不只是一個環，而是由許多同心圓的環所組成，一個環在另一個環的裡面。

同樣，土星奇妙的環又帶來了各種疑問，例如：為什麼所有行星當中，只有土星有這種大環呢？（有些行星有非常模糊的環）這些環到底是什麼？一個推論是說：這些環是由數以千計的微小灰塵所組成，並環繞著土星轉，就如同月亮繞著地球轉一樣。不過這只是一個推論。最奇怪的是，這些環在土星外形成了一條非常寬的帶子，直徑大概是地球的20倍。但是這個巨大的環卻非常薄，厚度大概只有20公尺。當土星來到某個角度時，我們會完全看不到這些環，就好像將一張紙平放在眼前一樣。因此，望遠鏡向我們展現了土星環，卻留下了謎題跟疑問。

下一個行星是木星，木星有好幾個月亮，伽利略看到了四個，19世紀末又發現了一個，20世紀初又發現了四個，然後在1980年之前又發現了四個。現在有了太空探測器，天文學家推測木星一共有63個月亮（衛星）。從望遠鏡看向木星，可以看到深色跟淺色的帶子橫

我們可以用望遠鏡清楚看到月亮，
就代表月亮上沒有空氣。

跨木星的球體，稱為木星帶。這些水平的木星帶永遠都在移動改變。天文學家認為木星帶是不同種類的氣體。奇怪的是，除了這些變化萬千的帶子，還有一個大紅點，稱為「木星大紅斑」，但是這個大紅斑卻總是在同樣的位置。我們不曉得這個大紅斑是什麼，也不知道為什麼它不會改變或移動。望遠鏡又再次為我們帶來了疑問。

下一個行星是火星，它是個「紅色」的行星，夜空中的火星就像天空中的紅寶石。從望遠鏡看去，火星像是個發亮的橘色圓盤。天文學家認為這個顏色與地球上的某些沙漠類似，地球上黃橘色的沙漠也是這個顏色，也許整個火星都是一片死氣沉沉的乾燥沙漠。19世紀時，望遠鏡的功能更強了，可以看到火星的部分細節，天文學家發現火星表面有著縱橫交錯的灰綠色線條，稱為「火星運河」。之後用更好的望遠鏡發現，這些「運河」只是錯覺，就好像黑色背景上如果有兩條交叉的白線，我們會在白線上看到黑點一樣。

火星還有一個疑點。火星橘色圓面的兩端有著白色的區塊，讓我們想起了南北極。這些白邊看起來像是冰，跟我們的極地很像。火星跟我們一樣也有季節，有夏天跟冬天，卻是我們季節的兩倍長。在地球，北半球是夏天的時候，南半球就是冬天，例如南半球的澳洲就是如此。火星也一樣，而且可以由望遠鏡看見。當火星北半球夏天的時候，北邊白色的冰帽就會不斷變小，而南邊的冰帽就會不斷變大。過了半個火星年之後，兩邊就互相交換。小的白色區塊開

始變大，大的區塊則變小。奇怪的是，地球上的極地冰帽在一年內長大或縮小的範圍很小，但是在火星上卻會大範圍的長大跟縮小。望遠鏡又再次為我們帶來了疑問。

現在來到美麗的晨星與暮星，也就是金星。望遠鏡完全不能告訴我們有關金星的任何事。金星全被濃密的雲籠罩，望遠鏡無法讓我們看穿這些雲，所以我們不知道雲底下的金星是什麼樣子，就像被雲形成的薄紗所遮蓋的美麗的女神。

水星很小，加上離太陽又近，所以望遠鏡也無法告訴我們水星的情況。

而觀察恆星時，我們又碰上了難題。大部分的恆星都很遠，就算是最強大的望遠鏡也只能看到閃亮的小點。銀河在我們的眼中就像銀色的灰塵，從望遠鏡中看去，就像是一條擁有無數星星的大河。有些恆星在望遠鏡中看起來不是一個光點，而是像一團發亮的雲，稱為「星雲」。星雲是某種發亮的氣體雲，有各式各樣的形狀，但大多是美麗的螺旋形。仙女座當中就有一顆星星是這種閃亮的螺旋雲。這些閃亮的螺旋星雲是宇宙的另一種祕密，也是透過望遠鏡，我們才得以看見。

望遠鏡不斷帶給我們新的疑問，為科學帶來新的挑戰。我們愈是探索宇宙，就能發現愈多答案，讓我們更能理解未來的謎團與即將出現的疑問。

金星全被濃密的雲籠罩，
望遠鏡無法看穿這些雲，所以我們不知道金星的樣子。

## Chapter 40

# 彗星與隕石

## 宇宙來的訪客

彗星是一種奇怪的遊蕩星星。彗星並不常見,但是當它出現在天空時,這種奇怪的景象曾經讓中世紀的人害怕。

彗星出現時,一開始只會被認為是一顆沒有人見過的新星。但是過了一週,彗星的位置開始改變,這一顆新星不但變得更亮,還會生出一條尾巴,這條尾巴還會變得愈來愈大,看起來有點像是馬尾,因為它細長又會在末端散開。這條尾巴是有弧度的,是一條會發光的閃亮尾巴。幾個月後尾巴開始消逝,然後彗星的頭也開始變得黯淡,最後整顆彗星都會消失,就連望遠鏡也看不到。

現在的天文學家對兩件事情感到很好奇:彗星的尾巴與路徑。他們發現每一顆彗星的尾巴都會指向太陽的反方向。他們也觀察到,一開始尾巴是看不到的,只有當彗星接近太陽的時候,尾巴才會出現,接著在彗星離開太陽時,尾巴又會消失。天文學家認為彗星的尾巴是某種空氣或氣體,比空氣要來得更為稀薄纖細,細緻到可以

讓陽光像風一樣吹拂著。彗星尾巴會朝著太陽的反方向，就是因為被陽光推動。天文學家認為，是陽光讓尾巴亮了起來，也是陽光讓這種氣體發光。

有些彗星會固定來訪，出現的時間間隔為20年到200年之間。這些彗星的路徑以巨大的橢圓形環繞著太陽，符合克卜勒發現的行星法則。但是行星移動的橢圓路徑很接近圓形，而彗星則以非常扁平的橢圓形路徑移動。有些彗星的橢圓路徑太過扁平，天文學家預估要花上千年以上的時間才會重回地球；有些彗星出現幾次之後就消失了；還有些彗星會出乎意料突然出現，之前從未見過。所以我們不知道彗星從何而來，也不知道它們離開後的路徑是通往哪裡。

有一顆彗星叫做「比拉彗星」（Biela's Comet），首次出現於1772年。它在19世紀時來過好幾次，天文學家估計這顆彗星會在1872年回來，但是他們也預估彗星的軌道剛好會碰上地球的路徑，並與地球相撞。很多人都覺得很害怕，以為地球會在撞擊中毀滅。但是1872年來臨時，彗星沒有出現，頂多只是發現比平常還要多的流星與隕石。這顆彗星再也沒有現身，留下的只剩隕石。

隕石是宇宙來的訪客。也許所有隕石都來自於古老的彗星，但是我們也無法確定，因為明亮的彗星很少見，而隕石又會在一年中固定的時間落下。舉例來說，8月11日到13日間會有大量的隕石落下，然後11月的16至18日也會出現許多隕石。天文學家認為有成群的隕石位在地球的路徑上（就像是蜂群一樣），每當地球碰上一群

有些彗星會固定來訪，
還有些彗星會出乎意料突然出現。

隕石，天上就開始下起了流星。但是，沒有人知道為何天上偶爾會降下大批的流星雨。在1833年的11月12日至13日間，北美的人們觀賞了一場奇特的煙火秀，整整九個小時，天空都閃著光芒，不斷有流星墜落。

隕石在進入環繞地球的大氣層之前都不會發光，但是隕石落下的速度很快，與空氣摩擦而升溫，才會變成熾熱的白色。大部分的隕石在高空就燃燒殆盡了，但是仍然有一定數量的隕石會落到地球上。有一顆著名的黑色石頭被供奉在阿拉伯麥加（Mecca）的聖堂，被穆斯林視為聖物，它很有可能就是一顆大隕石。2007年時，一顆大隕石落在祕魯的的喀喀湖（Lake Titicaca）附近，造成了約五公尺深的隕石坑，撞擊力道之大，連一公里外的窗戶都被震破了，而且滾燙的水跟惡臭的氣體開始從坑裡冒出。隕石打碎了岩石，讓地下水跟封閉的氣體都冒了出來。

關於隕石最有趣的一點，就是有些隕石幾乎純粹是由鐵所構成。沒有鐵，我們就沒有機器、沒有車子、沒有鐵軌或船、沒有小刀也沒有剪刀。不只這樣，我們的血液裡也含有鐵。血液裡鐵含量不夠的人會罹患貧血症，這種人比較蒼白、感覺虛弱而且容易感到疲勞。因此，是血液裡的鐵給了我們力量。鐵不但在我們體內，也存在於大地裡、存在於隕石裡。而這些隕石是來自宇宙的信差，幾乎完全由鐵所組成。

隕石裡的鐵是從哪裡來的？有些科學家認為是來自太陽。太陽黑

子對地球磁鐵的影響相當大，科學家認為鐵是由黑子投入宇宙中的，在高溫下鐵變成氣體。這種鐵形成的氣體冷卻了下來，在進入大氣層之後變成塊狀的鐵，之後不是在空中燃燒殆盡就是四處落下成為隕石。然而這也不是確定的結論。就連來自宇宙的鐵，也就是隕石，都是一個謎。不過當我們看到流星時，將會想起流星蘊含著鐵，與血液中給予我們力量的鐵相同。

流星蘊含著鐵，
與血液中給予我們力量的鐵相同。

## Chapter 41

# 地球的大氣層

## 生生不息的雲和雨

跟宇宙的浩瀚相比，地球顯得非常渺小。宇宙中還有數百萬顆太陽——也就是星星。每顆星星都是太陽，只是因為距離太遠，所以光芒看起來僅像是天空中的一個亮點。學習宇宙知識的天文學家發現，地球是個特別的地方。

我們現在來看看太陽系的行星（地球也是其中之一），舉例來說，身為一顆行星，地球的體積比木星要小得多了。事實上，木星的體積比太陽系其他行星加起來還大。太空人曾經在太空中觀察太陽、月亮、星星，然後才意識到地球是個多麼特別的地方。

太空人詹姆士・爾文（James Irwin, 1930–1991）登陸過月球，他曾說起了地球在漆黑太空中的樣子。他說：「地球變得愈來愈小。最後變成彈珠般的大小，就像你想像中最美麗的彈珠。這個美麗、溫暖又充滿生命的物體看起來如此脆弱、如此纖細。見到這個景象足以改變一個人，讓人懂得感謝神的創造與神的大愛。」

地球有著其他行星沒有的東西：清澈藍天的大氣層、美麗的日出日落、多變的氣候、吹在大地上的風。也許其他地方也有生命存在，也許有人類之外的生物存在，但是他們永遠不會看到彩虹，不會看到藍天或日出的光芒。

當我們望向太陽及星星時，我們是透過大氣層觀看的。在我們跟宇宙之間，有個巨大的球體籠罩著地球，那就是大氣層。大氣層是由空氣所組成。正如魚兒住在水底一樣，人類、動物和植物也住在空氣的海洋底下，所以爬高山或搭飛機上高空的人會發現空氣是愈高愈稀薄，必須隨身帶著氧氣筒。在底下的我們則總是身處在這片空氣汪洋之中。

這片空氣汪洋不但只有空氣，裡面還蘊含著氣態的水。如果我們燒水，水就會成為蒸氣上升，這稱為蒸發。但是水不用燒也會蒸發，例如在外頭晒的衣物或是滴出來的水滴，都會自然消失。水會消失不見，就代表水蒸發了。蒸發無時無刻都在大地上進行，但也同時在海洋、湖泊、河流、小溪等地進行。水不斷被蒸發，因此充滿空氣的大氣層也裝滿了水氣。空氣只能承受一定數量的水氣，如果水氣量太多的話，就會再次凝結成水。如果我們看到霧、雲或雨，那就代表空氣中的水分超過了負荷，於是空氣便將水送回地球。

溫暖的空氣可以承受較多的水氣，而冷空氣則容量較小，就像溫暖的人會開心接待來客，而冷漠的人則會回絕對方一樣。大氣層中

正如魚兒住在水底一樣，
人類、動物和植物也住在空氣的海洋底下。

總是存在著溫暖的氣流跟寒冷的氣流。暖空氣上升、冷空氣下降，所以就算沒有風，空氣仍然會不斷移動。當冷空氣與熱空氣碰在一起時，就會產生爭鬥，冷熱空氣會互相較勁。我們所見到的雲就是爭鬥的地點。

我們有時候會看到雲快速的改變形狀，這意味著有非常強烈的冷空氣氣流或熱空氣氣流在流動。但是有時候，雲好幾個小時都不會改變形狀，甚至連位置也不變，我們可能會以為什麼事情都沒有發生。但事實上，不移動的雲可是發生了許多事情。溫暖的水氣不斷從底下往上升，當水氣碰到冷空氣時，水氣變成了非常微小的水滴高掛在天上，水滴太小了而無法落下，因為幾乎沒有重量。但是當溫暖的空氣碰到了雲裡及雲邊緣的水滴時，這些水滴又再次蒸發並升得更高。所以底下不斷有新的水氣上升變成水滴，而水滴又變成水氣飄走了。雲的形狀雖然不會改變，但是形成雲的水滴卻一直在改變。

在葡萄牙西方的亞速爾群島（Azores），其中的一個小島叫做皮科（Pico），島上有一座高山，山頂總是有雲圍繞著。這朵雲的形狀很固定，不論白天黑夜、冬天夏天，都沒什麼改變。這朵雲維持著同樣形狀、位於同樣位置已經數十年，甚至數百年了。但是雲中的水滴卻在不停的變動，新的水滴由下而來、蒸發並消失，隨著溫暖的空氣飄走了。雲的變化就像是河水流動，河床不會變，但是河裡的水卻總是不斷在改變。

第一眼看到時，雲似乎有著數不清的形狀種類，所以有些科學家專門在研究雲的形狀（這種科學研究對於飛機的機師來說相當重要，他們必須從雲的形狀來判斷會碰上的氣流）。科學家發現雲主要有四種形狀，我們看到的雲都屬於這四種類別，或者是其中兩種類別的組合。

「積雲」看起來很蓬鬆，像是羊毛或火車噴出的蒸汽。積雲的形狀是圓的，但是底部邊緣卻總是平的。平的邊緣可以讓你看清楚冷空氣是從哪裡開始的。蒸氣就是在底部變成了小水滴。

「卷雲」是一種束狀又柔軟的雲，有時候會被稱為馬尾雲。卷雲的位置比積雲要高很多，高到水滴會結冰，變成小小的冰晶。

「層雲」是屬於低層雲，這種低層雲常常籠罩著山的山頂。登山者不喜歡層雲，因為在這種雲裡，他們會看不到方向。我們看到的霧其實就是層雲。

「雨雲」永遠是跟其他種類混合的：「雨層雲」就是沒有形狀的灰色雲層，會穩定下著細雨；「積雨雲」則是一種非常巨大、蓬鬆的雲，常常會帶來雷雨。

卷雲的位置最高，層雲的位置最低，積雲在兩者之間。當然，這些雲也會混合在一起，例如常見的積層雲，就是一大片波浪形的雲，通常會引起陣雨。

大氣層中的雲朵永遠在改變，雲裡的水滴會持續蒸發然後又再次凝結，這種水滴帶來了生命。沒有雲就不會有雨降在土地上，沒有

## 沒有雲就不會有雨降在土地上，
沒有雨就不會有河流、不會有湖泊。

雨就不會有河流、不會有湖泊,大地將會變成沙漠,而地球上所有寶貴的生命都會死去。

　　學過了廣大浩瀚的宇宙之後,現在我們知道地球是個多麼特別的地方。

# 激起教師創造力的
# 教學筆記

文／霍華德·柯普蘭（Howard Copland）

　　本書是作者查爾斯·科瓦奇（Charles Kovacs）在教導英國愛丁堡（Edinburgh）六年級學生時的課堂筆記，後來增修過。因此在講述地質學的部分會特別強調愛丁堡的資料，這是希望教材能結合孩子熟悉的當地環境。

　　自1960年發現了「板塊構造」（Plate Tectonics）後，大家都會認為地質學應該要從板塊構造講起。然而重點是，早在這些重大發現之前，現代地質學就大約有兩百年的歷史，已經是一門先進的科學，而且經過長時間的演進，也已經有了一些結論，但是，只向孩子講解現有的結論卻太過於簡化。因為這麼做可能會造成孩子雖然聽得進去，卻是囫圇吞棗，並不能真正的理解。板塊構造的課程比較適合在九年級（國中三年級）時介紹，並在介紹時讓孩子多方面觀察與思考，慢慢拼湊出大地的構造，這就像在看偵探小說故事，會讓人有驚喜的感覺。

天文學課程也是使用相同的方式，從觀察星星、月亮與太陽開始。數千年來，人類都體驗過這些天文現象也能容易理解，不需要特殊器材或理論。同樣的，先進的天文觀念較適合高年級的學生。然而，由於望遠鏡性能愈來愈好，加上太空探測的結果，使我們不斷發現新的天文知識，因此有關望遠鏡的章節還來不及更新。

　　我們希望這些筆記能夠激起教師的創造力，而不是當成教科書來遵循。這才能符合查爾斯·科瓦奇的期望。